創見文化，智慧的銳眼
www.book4u.com.tw　www.silkbook.com

斜槓

Live / Your / Startup / Dream

創業

創業教父
王晴天——

著

創業前，先創立你的人生股份有限公司

　　身為上班族的你，是否會在工作不順、意志消沉時，默默地在心中浮現：「乾脆不要替別人工作了，自己創業還快活些」的念頭？根據調查顯示，有近八十％的上班族都動過創業這個念頭。

　　創業，創得其實不只是自己的事業，更是你我心中的夢想；創業提高的不只是薪水，更是價值。人人有夢，你的夢想可以是喜歡金銀首飾，所以想賣珠寶，或是開烘焙坊，讓興趣結合專業，開展出自己的事業……等等。

　　常言道，人因夢想而偉大，但人其實不是因為夢想而偉大，我們之所以變得偉大，是因為在實踐夢想的時候，能將阻礙一一解決；只要我們能堅定方向、勇往直前，那所有的阻礙，都是讓你變得更好的禮物；所有磨難都能增進你的能力，讓你在這些歷練中，離夢想越來越近。

　　創業絕不是開了間店之後，就可以翹二郎腿坐享其成的事情，它不僅是場硬仗，更是場持久戰，要成功就要懂得自律，猶如千里行軍，有計畫、規律地實踐你的想法；幾年後，肯定能替自己創造高附加價值及財務自由。

　　而要創業，你心中一定要有張夢想藍圖，賣什麼產品或服務，只有你

自己清楚。每個人的背景、人脈各有不同，建議讀者們可以從自己的興趣和擅長的領域著手；因此，你要先確認自己想賣得是什麼？這項商品有什麼特色？客群有誰？有哪些行銷方式？……諸如此類的問題都必須先釐清。

那為什麼要從自己的興趣和擅長的領域著手呢？因為你得去審察商品在市場上的現況，思考產品有什麼賣點可以贏過競爭者；如果你的產品是你的興趣或擅長的區塊，那執行起來會更有動力、更得心應手，如果又有這方面的人脈，那更是相得益彰。

如此一來，你會比那些從零開始、白紙一片的人，站得更高，起步得更快，成功的機率也會高一些。唯有你清楚瞭解自己的產品，才能快速掌握市場趨勢脈動，鎖定目標客層與有效行銷方式；擁有先機與獨特性，客戶自然會聚集而來，開發客源也能輕鬆許多。

「創業是一條不歸路，也是一條自由的路。」每一行都非常競爭，但還是會有生意非常好和非常不好的店家。其實，失敗也是一種資產，是一種難得可貴的經驗，即使賠盡幾百萬，仍能累積非常多受用的寶貴經驗。在創業過程中獲得的營運管理經驗和各種專業能力，絕對是無價的寶藏。

所以，創業前，你可以先試著創立一間人生股份有限公司，設置研發部門，想方設法地提升自己的核心競爭力；業務部則執行推廣、開發、維繫客戶之任務，把自己推銷出去，讓眾人認同你的價值，如此一來，你才能有更高的成就。

　　而行銷企劃部，負責個人品牌的打造，建構並傳遞你的個性、特質、形象與風格，使你的粉絲群不斷擴大；財務部負責資金調配，讓你的人生股份有限公司有著持續且穩定的現金流收入，方能無後顧之憂地去追求更遠大的目標；行政部負責處理雜事與瑣事等庶務，把每一件簡單的事做好，你就不簡單。

　　所謂失敗者被環境決定命運，成功者由自己決定自己的命運，所有成功者唯一的共同點就是對自己負責；每個人對成功、財富都有一套自己的說法，因此，想成功就要對自己負責。若再衍生其義就是：成功者是自己決定自己的命運，失敗者卻總是抱怨，一切都是外在環境不對、父母不對、家庭不對、學校教育不對⋯⋯反正一切都不對，這就是失敗者的特色。

　　成功者從來不會為失敗結果找（編造）藉口，也不會抱怨事情本來應該要如何、如何發展。世界上「應該」的事情太多了，「你應該這樣啊」、「你應該把錢匯給我啊」、「這東西應該會賣得掉」⋯⋯不可能都依照你的「應該」運行，有句老話告訴我們：「成功者永遠在找方法，失敗者專門在找藉口」，失敗者總是有理由的，是失敗者的特性。因此，我們要積極地去行動！在行動中成長！想成功嗎？那就擺脫找藉口的習慣！在擺脫藉口的同時，也把平庸甩掉。

　　每個人都有選擇權，若怕失敗，那你就多去接觸各種不同的行業，先擁有經驗值，再分析出自己適合什麼，篩選後再以條件做選擇，看看哪個行業有未來性、開創性，進而做出正確的決定。只要方法對了，創業就容

易成功，千萬不要在創業初期，就不斷替自己找藉口；經營事業不單靠專業技術，還要具備管理能力，所以你必須不斷吸收新知充實自己，並隨時注意潮流的動向才行！

　　希望看完本書的讀者們，都能成功實踐自己的夢想，順利將事業壯大，成為極具價值的斜槓老闆！

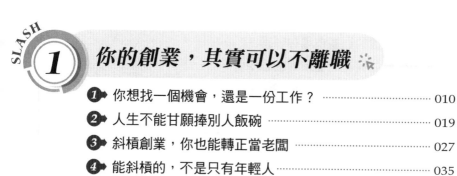

SLASH 1 你的創業，其實可以不離職

❶ 你想找一個機會，還是一份工作？ …………………… 010
❷ 人生不能甘願捧別人飯碗 …………………… 019
❸ 斜槓創業，你也能轉正當老闆 …………………… 027
❹ 能斜槓的，不是只有年輕人 …………………… 035
Case Study 鞋王傳奇，三度被哈佛列為教案 …………………… 040

SLASH 2 創業緣起於一個夢想

❶ 創業，創造出你的事業新價值 …………………… 044
❷ 抓住趨勢，人生從此 Start Up …………………… 052
❸ 創業，你準備好了嗎？ …………………… 063
Case Study 庄腳囝仔的百億傳奇 …………………… 070

SLASH 3 只要用對方法，有創意就能創業

❶ 如何從創意到創業？ …………………… 074
❷ 創意商品化 vs. 商品創意化 …………………… 082
❸ 創業的最佳模式：冪定律（Power-law distribution） … 093
❹ 借力創業，事半功倍 …………………… 102
Case Study 讓 LINE 一夕爆紅的幕後功臣 …………………… 112

為你的創業，找到利基點

❶ 你的利基市場在哪裡？ ⋯⋯⋯⋯⋯⋯⋯⋯⋯⋯⋯⋯ 116

❷ 如何在利基市場創造價值？ ⋯⋯⋯⋯⋯⋯⋯⋯⋯⋯ 128

❸ 品牌決定你的市場價值 ⋯⋯⋯⋯⋯⋯⋯⋯⋯⋯⋯⋯ 141

❹ 航向無可匹敵的藍海市場 ⋯⋯⋯⋯⋯⋯⋯⋯⋯⋯⋯ 151

Case Study 一週工作四小時的年輕老闆 ⋯⋯ *160*

創業也要有門路：行銷＆通路

❶ 創業，不是盲目的銷售 ⋯⋯⋯⋯⋯⋯⋯⋯⋯ 164

❷ 替你的創意找到市場 ⋯⋯⋯⋯⋯⋯⋯⋯⋯⋯ 171

❸ 你的創意能往哪裡銷？ ⋯⋯⋯⋯⋯⋯⋯⋯⋯ 181

❹ 讓你的產品、品牌深入人心 ⋯⋯⋯⋯⋯⋯⋯ 194

Case Study 美國火車頭背後的控制者 ⋯⋯ 203

創業不是賭博，要勢在必行

❶ 創業資金何處來？ ⋯⋯⋯⋯⋯⋯⋯⋯⋯⋯⋯⋯⋯ 206

❷ 眾籌，讓群眾幫你集錢 ⋯⋯⋯⋯⋯⋯⋯⋯⋯⋯⋯ 219

❸ 人脈是創業最重要的本錢 ⋯⋯⋯⋯⋯⋯⋯⋯⋯⋯ 235

❹ 創業，隨時都是一顆未爆彈 ⋯⋯⋯⋯⋯⋯⋯⋯⋯ 243

❺ 善用商業創意，翻轉市場新天地 ⋯⋯⋯⋯⋯⋯⋯ 256

Case Study 兩名二十四歲青年，如何逆襲市場巨人？ ⋯ *267*

☆ 創業適性評量：你適合創業嗎？ ⋯⋯⋯⋯⋯ 269

☆ 創投必問，你不可不知！ ⋯⋯⋯⋯⋯⋯ 278

☆ 參考資料 ⋯⋯⋯⋯ 279

你的創業，
其實可以不離職

當你把自己變得更好，你的生活才會變得更好。

Your life only gets better when you get better.

1 你想找一個機會，還是一份工作？

　　話說，人的一生有七次機會，不管是窮人還是富人，每個人都有這七次機會，可以藉此改變自己的命運。機會大約會在二十二歲，從我們漸漸脫離父母羽翼，掌握自己人生的時候開始，之後約有五十年的時間，以每七年的週期，產生一次機會讓我們掌握，一直到七十五歲之後，因為那時的我們也已力不從心。

　　第一次的機會是「家業機會」，在我們二十二歲至二十五歲期間，正是我們步入社會，並真正談場感情的時候，但這時的我們通常會因為過於年輕而錯過。

　　第二次則是「學習機會」，差不多在三十二歲左右，這個階段的我們，心智已相當成熟，知道自己要的是什麼、未來怎麼走，大多都能抓住這次機會，為了更好的自己而去學習、改變，這次的機會對我們人生的歷程來說，是相當重要的。

　　第三次是「創業機會」，也就是本書的主軸，約在三十九歲左右，這個年齡區間並非絕對，只是大多數的人會在這個時期選擇創業。因為這個年紀的人，不管是從政、從學、從商，都有了些微的成績，因而想更上一層樓，進一步爭取升遷，或憑著自己的社會經驗，獨自闖出一片天。

　　第四次機會是「成長機會」，此機會通常會在中年時期來臨，但只能是錦上添花，很難雪中送炭了，轉換職業、謀求突破，讓人生突然反轉的

可能性較小。因此，在這次的機會，其邊際效用要小於前幾次。

第五次「人際關係機會」，五十三歲的時候，此歲數的人大多已位高權重，但仍要做好人際關係，提防小人或誤入歧途。

第六次「學習機會」，在六十歲的時候，我們已經知天命，人生剩下的時間不多，所謂活到老、學到老，仍應抓住最後的機會充實自己；但這次的學習機會跟第二次不太一樣，這時期追求的是心靈上的富足，不同於年輕時期，為了增加自己的競爭力而去學習。再來，最後一次「健康機會」，在六十七歲開始，健康狀況每況愈下，此時應注意修身保健，才能把握住最後的機會。

人生第一次的機遇出現在二十幾歲，但那時的我們，因為年輕不懂事，還不知道怎麼把握，失去第一次機會；最後一次機會，又已力不從心，狀況大不如前，不見得能把握，所以又減去一次機會，因此人生能掌握的機會只剩下五次。然而人生兜兜轉轉，中間可能又會有兩次機會，因為自己的各種原因錯過，所以，真正能改變你一生的機會其實只有三次，甚至更少。

人生很殘酷，選擇不多，機會更只有七次，但大部分人都是在失去後才懂得珍惜。不要錯過，更不要奢望重來；人生不怕重來，就怕沒有將來，法國科學家路易・巴斯德（Louis Pasteur）曾說：「機會總偏愛有準備的人。」

在一生僅有的三次機會中，我們能做些什麼？我們該怎樣做，才不會錯過這三次機會才不會流逝掉呢？而這僅有的三次機會又該如何把握呢？我想，最好的答案莫過於走好創業這步棋，它可以讓你抓住錯失的機會，甚至於創造機會！在創業中學習、成長，更在創業中完善人脈，並獲得財

富和健康！

近年，「斜槓青年（Slash）」一詞在社會颳起一股旋風，讓大眾開始反思，創業帶給我們的是夢想、工作，還是更多的人生價值？其實，斜槓的概念，在 BU 的課程中早就有了！現今，人人想成為「斜槓青年」，但你真的了解「斜槓青年」是什麼嗎？

一般總會認為斜槓所代表的即是擁有多重身分與多重職業，身上多攬幾份兼職，再貼上一些標籤……等等，就是人人稱羨的斜槓青年；更不用說你白天上班，下班後又急忙趕去超商、加油站上大夜班的兼職工作，這樣的斜槓絕對是膚淺的，亦或是完全稱不上斜槓，別人只會認為你是經濟困難，需要多份工作以賺取金錢維生。

斜槓青年，它代表的理應是一種全新的人生態度及價值觀，核心價值不僅在於多重收入及職業，而是能在生活與工作中取得平衡，創造不一樣的「多元人生」。斜槓青年是社會發展下必然產生的現象，也是進步的體現，這種進步使人類能夠擺脫早年「工業革命」所帶來的限制和束縛，使原先被工作奴役、被生活壓得喘不過氣的我們，得以獲得釋放。

農業社會和工業社會先後把我們限制在固定的土地和工作場所，從事不具挑戰性的重覆勞動，不論是學校教育還是職業發展，人們都努力讓自己順應社會，使自己成為產業鏈中的「螺絲釘」，甚至是樂此不疲。

但如今不一樣了，隨著科技與網路的發展，加速社會的進程，生活產生了變革。今天，我們知道人生不應該是如此，生活是由我們在過，我們不為誰，只為自己而活。當然，在實現多元人生的前提下，產生多元收入也是必要的。

時代的進步，為有能力的人提供了擺脫組織、公司束縛的可能性，他

們能靠自己的才能，獲得足夠收入，過上充實且無慮的人生。跟過去相比，我們現代人是何等的幸運啊！能改變自己的人生，而非過往那種階級制度，即便你有野心，也會被窠臼的枷鎖，禁錮住個人的發展。但斜槓青年的生活方式，相當考驗自身的實力，只要觀察那些成為斜槓青年的人，不難發現他們是自制力強、經歷過長時期的自我投資與累積，並擁有競爭力的人。

正如我曾出版過的《N的秘密》，內容主要講述提升核心競爭力，避免被高速發展的社會淘汰，且除了核心競爭力外，我們的專業不能單只有一種，更要朝 π 型人前進。但現今，π 型人或許也不再能順應社會趨勢的進展，所以衍生出「斜槓青年（Slash）」一詞，代表著個人價值的再提升，像我總強調的：「你不只強，還要更強」。

所以，並非是擁有很多的職能或兼職，就是斜槓青年，這我可完全不苟同。且現在的社會形成一種亂象，拚了命的去學習多種專長，認為這樣才能創造不同的身分，甚至是多重收入，但卻又不知道該從何著手。多一項專長固然是好事，但這樣可能反倒讓你變成亂槍打鳥，花了學費卻沒有效果。

多重收入已不是每個人「想要」而已，它早變成一種趨勢，你甚至可以說是必要的，為什麼？你知道現在上班族最擔心的是什麼，那就是勞保會破產呀！有些人可能滿足於每月有筆穩定的收入，便在同一職位上工作到退休，這樣的想法固然美好，退休後領了退休金頤養天年，但計畫永遠

趕不上變化，未來你做到退休，退休金可能拿不足額。所以，你再想想，多重收入到底重不重要呢？若想過得更好，你甚至是要朝「財務自由」前進啊！

且現今科技日益發達，AI 智慧、機器人又不斷產生革新，每天睜開眼，打開新聞，又有什麼新發明誕生，若你還只滿足於現在那看似「穩定」的工作，勢必是要吃悶虧的，你的工作遲早會被取代。

過去這一年，有關「無人店」的計畫越來越多，比如沃爾瑪對抗亞馬遜籌劃的無人超市專案；為解決老齡化問題的日本便利商店；中國的無現金支付門市等。按照世界經濟論壇（World Economic Forum）的估算，一旦所有的自動化技術都投入使用，全球 30%~50% 的零售業工作都有消失的風險。

最明顯的是已普及了二十多年的自助機器，按照英國諮詢公司（Retail Banking Research）計算，全球自助結帳機的數量，到 2021 年將會增加至三十二萬。在未來幾年裡，光是在美國，雜貨店、收銀員與打包人員就會分別減少四萬和三萬人，那你的工作呢？

因此，在大環境的轉變下，你更要驅使自己改變，想辦法增強自己的價值，你有專長不重要，重要的是你如何讓自己的專長不被取代；你有技能不重要，重要的是如何讓你所擁有的技能，創造出更多的財富？將專長、技能加以整合，成為你不可被取代的關鍵，更擁有財務自由。

創業也是一樣的，你不能將它視為一份屬於自己的工作而已，你要將它視為一家企業來經營，所有考慮跟決定，都要經過你的內化、整合。因為企業任何一項的改善或惡化，都會對收入造成影響，且隨著斜槓青年的意識抬頭，你所能提供的專業只會更稀缺，若用物以稀為貴的道理來說，

多重專業的價值，也會隨著斜槓青年的增加而提高。

因此，先試著把自己的時間價值提高，讓你能更有系統地運用資源，但真正關鍵還是透過資源整合，不是單純的出賣時間，千萬別跟我說你成為斜槓的策略是白天上班，晚上再去打工，這是多麼低層次的斜槓，就我認為，這根本稱不上斜槓。

那站在創業的角度，身為創業者的你，該如何成為斜槓老闆呢？

- 成就斜槓創業，先從你專精的利基開始，不要一心想去學習多樣專長。因為，「多工」往往源於同一利基！所謂「跨界績值」是也！
- 成為斜槓老闆，是你創業後的結果，而不是你創業的原因。
- 專精後，仍企圖擁有更多專長，先 π 型再斜槓，創造更稀缺的價值。

你要謹記，發揮斜槓的價值，不只是單純地出售自己的時間，汲汲營營地為了事業賣命，而是要進行資源整合，將一切最大化，你的創業才會成功。

人生觀念的根本轉變：價值，不只有金錢可衡量

為什麼我一直強調，利用零碎的時間兼職不等於斜槓？因為斜槓是一種變現的概念，它可以是「知識變現」、「流量變現」、「粉絲變

現」……等等。

自從「知識經濟」的經濟型態出現後，運用知識資訊促進經濟成長、推動市場發展成為了常態，隨之而來的，便是創業市場上出現許多以知識或技能為導向的事業形態，好比擅長整理物品的人，出售自身的收納知識，提供他人空間布置的服務諮詢，又如精通木工的人，以改造舊家具的「舊翻新」技藝招攬客戶上門，這意味著知識與技能的變現，只要滿足了市場需求，無論最後成品是有形商品還是無形服務，都能創造出利潤空間。

當你試圖創造斜槓時，可以檢視自身既有的知識技能資源，試著想想自身的知識或技能是否能提煉出「市場價值」？又有哪些人可能因為這些知識技能的協助，而滿足需求、獲得益處？不僅彰顯了知識經濟創業型態的活力與前景，也讓知識技能與實務經驗、市場需求妥善結合，就有可能爆發出意想不到的經濟能量。

每個成為斜槓青年的人，都有自身的動機與原因，比如追求理想的實現、證明自我能力、積極累積財富、建立符合自我期望的生活模式等等，但對方在談及成長歷程時，你聽到的肯定是他們一開始根本沒想過成為誰，直到許多事件的累積與思緒震盪後，才意外地認知到自己的人生型態已產生改變。

且，如果你具備某種專業知識，你除了能在特定領域中發展之外，也可以利用知識與經驗的延伸、發散與移植，另行尋找出潛在的服務與需求對象，繼而開創出一條市場出路。但假使你不打算在與自身學識相符的領域中發展，又或者沒有特別專精的知識技能，只有一身在社會大學中打滾摸爬所累積的工作經驗，也別擔心，你依然可以加入知識經濟的行列。

　　有句話說：「沒有用不到的工作經歷。」從實戰工作中獲得的知識與技能不僅寶貴、具有實務操作性，也能在融會貫通後彙整成「複合性」的知識技能，只要懂得加以綜合運用，在面對市場、創造需求時，它們就是使你充滿價值那最有力的武器。

　　將既有的知識技能加以重整、揉合、再創造，繼而將之拓展、擴散、應用於市場及社會，這意味著即便你最擅長的僅是拿著抹布與拖把整理居家環境，也可以試著把家事清潔的相關知識技能轉化成生財資源。而在運用自身知識技術創業時，如果你能掌握以下的基本關鍵點並「舉一反三」，不僅有益於你的斜槓鑄成，更可能找到創業的契機！

❶ 突破思維定勢，替自身知識技術找尋利基市場

　　許多時候，人們會以制式思維運用自身的知識技術，導致他們潛在的市場價值被低估。換言之，你所擁有的知識技術在 A 市場的表現或許平平，但經過轉移、重組、揉合的過程之後，卻很可能在 B 市場滿足某些人的需求，甚至開發出潛在商機，比如「犬輪會社」創立人傅凱倫，他用機械設計的知識技術，投入寵物輪椅的研發製作；設計公寓 DesignApt 創立人邱裕翔，善用複合性的知識技能代理行銷設計師品牌，這些都是突破思維定勢、為自身知識技術挖掘出利基市場的成功創業案例。

　　任何類型的交易都是「互通有無」的經濟行為，我們要以彈性的思維，檢視自己的知識技術資源庫，思考你能提供的服務或商品具有哪些優勢，只要你握有他人願意用金錢交換的服務或商品，即便最後目標對象落在小眾市場，你也能創造出自己的價值。

② 善用專業背景與人脈資源

專業象徵著可信度，當你的知識技術歸屬於專業級別，尤其還領有某些證照時，將之運用於可供發揮優勢的市場，不僅能創造收益，還能營造出專業人士的形象，讓他人對你提供的服務或商品產生信任感與忠誠度。

此外，務必妥善經營並累積你在該領域的人脈，因為他們拓展出來的相關資源，通常能助你一臂之力，且日後很可能會以某種形式，成為你的事業合作伙伴。

③ 從生活經驗洞察市場需求，快速進行連結

不要將挖掘市場價值想得太過艱難，最快速又最有效的方式，就是從你自身的生活經驗中去探索！特別是當你掌握了某些知識技術時，務實地思考它們能幫助哪些人解決生活問題，可以用來讓哪些事情變得更為便利，從最實際的生活需求中，去展現你的價值並獲得成功。

隨著文明科技的持續發展，人們的生活型態經常發生變化，進而從中衍生新需求，但這些新需求通常可以藉由既有的知識技術重組或整合獲得滿足，所以當你嘗試開創其他價值，卻茫然於不知從何著手時，不妨回頭檢視自己的知識技術資源庫，它們或許能引領你邁向多元人生的坦途。

過去我們在考量職涯時，基本上都只有一種策略：縱向單一發展。根據自身優勢決定職業，再一步步往上爬。而現在，斜槓帶來了一種截然不同的策略：橫向多元發展，也就是根據自身優勢與愛好發展多種領域，並獲得多重收入，若可以，你更要朝財務自由前進。

2 人生不能甘願捧別人飯碗

　　每個人的內心深處，都有一股創業的衝動，沒有人甘願一生只為別人工作。根據「青年創業現況調查」顯示，有高達八成六的青年人有創業意願，包含 64.9％的人「有興趣但未行動」、8.1％的人「已創業」、6.5％「曾創業但失敗」，另 6.1％受訪者則表示正在「籌備中」。每個創業家都像擁有美國夢的淘金客，但真正成功致富的人卻很少，創業成功的人往往只占少數，創新構想還沒落實，就已胎死腹中。

　　我時常和我的學員談創業，可得到的回覆大多是創業太難、不容易，看著他們不斷替自己找理由，一談到創業開口閉口都是：「沒資本、沒產品、沒經驗、沒人脈……」等云云，不免為他們感到可惜。若他們看到身邊有朋友和他們一樣什麼都沒有，就「很莽撞」的跑出去，更認為對方不符合「做了好幾年有了經驗，存夠了錢，也找齊了門路，終於媳婦熬成婆跑出來自立門戶」的創業家標準故事，他們只有擔心而已，心中的答案總是「No way！」，抱持著負面、消極的態度。但，創業真是如此嗎？

　　各位欲創業的讀者們，你可以好好想想看，以我創業數十年的經驗來看，我是這麼理解的，「創」可以解釋為開創、創造，簡單來說就是一個動詞；而「業」就是事業，一個名詞，相信大家都能理解，對吧？那「創」和「業」合在一起就是開創事業，而開創和創造本就是實現從無到有的一個過程，靠的是一個欲望、一種心態。

我近年積極開設培訓課程，就是在開創另一個事業、我的另一斜槓，且我熱愛知識，更熱愛傳播正確知識，這就是在實現我心中的一個欲望。像我的學員常問我：「王博士，我沒有錢，沒辦法做……而且我沒有時間，口才也不好，要怎麼去推銷我的產品，甚至是我的公司呢？」聽到這些，我倒想問，如果你什麼都有了，那還創什麼業呢？而且據我觀察，會投入創業的人，反而是那些「沒錢、沒資源」的人！為什麼？

原因很簡單啊！因為所有的創業家就是因為「沒錢、沒資源」，所以才想創業賺更多的錢呀！那些已經有錢、有經驗、有門路的人，不論他是老闆還是上班族，本身已享受現下的工作模式，所以他們不會想再創業。假使有天他們錢不夠了，那他們便微調現狀，替自己賺更多的錢，規劃不一樣的人生，這樣就好了。

中國最偉大的創業家——馬雲，他曾說：「開始創業的時候都沒有錢，就是因為沒錢，我們才要去創業！」所以任何聽到「創業」，就急著用「我沒有……所以無法……」來當藉口的人，應該好好反省一下；況且，創業可以靠後天學習來取得成功之鑰，根本無須擔心。

一般創業分兩種：主動創業和被動創業。主動創業的創業動機有：事業不斷發展，實現個人抱負；創業是個性的產物，就業有可能抹殺個性；創業能實現個人價值。而被動創業的創業動機是為了解決經濟負擔過重的問題，或實現自我聘任的想法，不再看人臉色。

據統計，創業失敗率較高的通常是被動創業，主動創業的成功率較高，所以，如果你只是單純不滿意現在的收入，想創業、多賺點錢，那就稱為被動創業，通常較容易失敗。至於那些佔據金字塔頂端的富人，大多屬於自動創業，你肯定知道比爾‧蓋茲（Bill Gates）、賈伯斯（Steven

Jobs）、馬克・祖克柏（Mark Zuckerberg）吧？他們就是主動創業的人。

另外「想要多賺點錢，而創業」或「投了很多履歷表，卻沒有人要聘用」的這些人，雖然他們創業大多是以失敗收場，失敗率可說是相當高，但他們的個性卻很鮮明，而且大多有相當出眾的才能。像我有一位合作二十多年的朋友，「飛哥英文」老闆張耀飛，他的英文能力超強，但其他部分很弱，對一般生活常識也不太靈光，可是後來卻能創業成功，成為英文名師，賺取很高的收入。

因此，你只要單點突破就可以成功。試舉一個在大陸單點突破的產品——腦白金。沒什麼人知道「腦白金」的成分，我問過幾十個人，沒有人知道這東西到底是什麼，卻能在中國紅遍半邊天……它其實是大陸的保健食品，只靠一特點便打響市場，那就是廣告。

大家一開始都不清楚這個產品到底是什麼，購物平台也沒有這項產品，可是卻有句廣告詞琅琅上口：「今年過節不收禮，收禮就收腦白金（或『收禮只收腦白金』）。」成為中國知名度最高的廣告詞之一，相當洗腦，所以大家開始到處去找「腦白金」這項產品，它的成分或配方是什麼都不清楚，只知道要買來送禮，因而在中國熱賣。

傳統行銷要產品（Product）、價格（Price）、通路（Place）、促銷（Promotion）基本 4P 要素匹配在一起，但腦白金並沒有像傳統的行銷作法，而是以單點突破方式造成轟動，這也是不錯的作法；可見，有時候只要一點不一樣，就可能成為你人生的突破口。

像 2000 年，美國封閉的校園環境讓大學生們極度渴望快速的聯絡方式，這時，哈佛的大學生祖克柏（Mark Zuckerberg）觀察到當時同

齡層的社交需求，便運用自己在網路與程式設計的能力，創辦了社群網站 Facebook，不但解決了社會問題，還一舉創業成功，成為全球最年輕的白手起家富豪，時至今日，他的公司 Facebook，已把世上五億多人聯繫在一起；若將 Facebook 比喻為一個國家，它的人口數僅次於中國與印度，足以成為世界人口第三多的國家。

　　好，那我們現在再將時間往前推五十多年，大約是美國七〇年代。當時的電腦價格昂貴，組裝也相當困難，只有專業人士才曉得如何使用，社會充斥著將電腦運算能力交給大眾的呼聲。那時，有位美國青年在自家倉庫與朋友打造出一般家庭負擔得起、方便使用的電腦，一舉打破電腦原先使用上的障礙，帶領大家進入個人 PC 時代，而他就是蘋果電腦的創辦人——賈伯斯（Steve Jobs）。今日蘋果電腦的各項產品，包括 iPhone 手機、iPad 平板電腦、iPod 音樂播放器不僅在市場上熱銷，更大大地豐富、便利人類的生活。

　　綜觀 Facebook 創辦人祖克柏和蘋果創辦人賈伯斯，他們的起步都不約而同地與時代需求有著密不可分的關係，祖克柏觀察到大家需要的不再只是一個可以聯絡並能儲存的資訊，而是一個能聚集眾多朋友互動的平台；賈伯斯更突破了一般人使用電腦的障礙，製造出讓大家都負擔得起、操作簡單的電腦。當大眾的需求獲得滿足，生活進一步獲得豐富並且改善，商機與利潤就會不斷產生，事業也得以成長壯大，所以，除了要嗅得到時代的脈動與需求之外，有勇氣踏出築夢的步伐，更是成功創業的關鍵。

　　以祖克柏來說，當時創辦 Facebook 時還是哈佛大學在學生，在面對名校畢業證書與一發不可收拾的社交網路發展契機，祖克柏必須做出抉

擇，幾經思考後，祖克柏做出一個讓他後半輩子都幸福的抉擇，致力於Facebook 的經營與研發，果然在 2004 年成功對外推出 Facebook，第一週就有近半數的哈佛大學生註冊，三週後哥倫比亞大學、史丹佛大學、耶魯大學等其他名校生也紛紛註冊成為 Facebook 會員，祖克柏的名字就這樣隨著 Facebook 的發燒，快速傳播開來。

「做你愛做的事，如果做你所愛的事，在逆境中依然有力量。而當你從事喜愛的工作時，專注於挑戰要容易得多。」這是祖克柏曾說過的話，同時也再次驗證，創業者若對開創的事業，有豐沛的熱情及夢想，就比較能成功。其實祖克柏在進入哈佛大學時，也在自己不擅長的部分，耗費了許多寶貴的時間，後來才漸漸發現自己對網路世界有著很大的興趣，集中心力在社群網站的建構，找到自己創業的方向和人生的目標。

成功創業者的人格特質，首要便是充滿熱情，換個角度來說，就是具有強烈的企圖心、野心，並具備領導力和抗壓性（逆境智商，Adversity Quotient）及勇於冒險、追夢的基因；而一般公務員式的上班族，他們的人格特質較為循規蹈矩，尊重秩序。

有著公務員性格的上班族，喜歡一切按部就班、秩序井然，並不適合創業，因為創業要有熱情、企圖心及野心。比爾‧蓋茲（Bill Gates）就是如此，從小便研究如何寫電腦程式，他的家庭環境很好，屬於中高產階級，讓他唸很好的大學，進入哈佛大學之後，每天專研電腦程式。

念大學有些必修學分，但比爾‧蓋茲他不需要學這些必修課程，所以毅然決然地休學，專心研究。可見，比爾‧蓋茲對寫程式充滿熱情，著魔於寫程式，深怕會來不及似的，而非一心想要賺大錢，最終他果然寫出很棒的程式，順便賺了很多錢，成為世界首富。

且當時全美運算能力最好的電腦正好就在哈佛大學，比爾‧蓋茲就是借用這裡的電腦來工作。他在辦理休學手續的時候，問了學校一件事情：「我休學後，還能使用學校電腦嗎？」校方回他：「可以呀，你只是休學，沒有真正離開學校。休學，是指你在一段時間後，還會回到學校唸書。」

　　比爾‧蓋茲在休學期間致力於寫程式，而這個程式就是「DOS」，可用來控制整個電腦系統的設備及管理電腦系統的資源；它也是使用者和電腦之間的橋樑，透過 DOS 才能和電腦溝通，享用資源。但 DOS 不像視窗那樣好操作，它完全是螢幕後面的東西，非專業人士是看不懂的，所以比爾‧蓋茲抄襲了另一位天才賈伯斯的視窗概念；賈伯斯是第一個想出視窗概念的人。

　　賈伯斯也是哈佛的休學生，但他的休學故事不像比爾‧蓋茲，他是因為經濟問題。賈伯斯的父母是他的養父母，只是普通的勞工，他的親生母親是位大學研究生，未婚懷孕生下他，透過社會福利機構找到收養他的養父母；領養前，他的生母要求對方善待孩子，讓孩子順利念完大學，養父母也同意了。可是美國的大學學費很貴，所以賈伯斯念大一時，深知養父母在經濟上的困難便休學了，他也認為讀大學的價值似乎不大，但休學後還是會到學校旁聽。

　　記得我當初念台大時，也能去聽任何科系的課，可以隨意去看其他教授在教些什麼，沒人會管我，即便有人管我，只要出示學生證，證明我是台大的學生就好。賈伯斯就是這種情形，雖然休學，但仍留在學校繼續聽課，只是不算學分，沒辦法領到畢業證書而已。

　　而比爾‧蓋茲抄襲這件事，之後也衍生出賈伯斯與比爾‧蓋茲的「世

紀大辯論」，在美國非常有名，辯論的最後，比爾·蓋茲承認 DOS 確實是抄襲賈伯斯的。

 ## 及時訂立明確的目標

　　明確的目標是所有創業者必須做到的基本前提，在創業之初，將自己想做的事業願景清楚地勾勒出來是非常重要的事，祖克柏很明確地知道自己的興趣與熱情所在，致力將 Facebook 打造成一個具有社會公共價值的社群平台，於是義無反顧地往此邁進，逐步完成自己的使命。

　　據說在二次大戰期間，如果有身分不明的士兵突然出現，且不能立即報出他的任務與使命，便會立即遭到槍殺。雖然這樣的說法有些駭人聽聞，但我想告訴所有創業者，在創業前找到自己人生的道路及使命，其實就跟這一樣同等重要，否則你個人與事業將會隨波逐流，過著無意義的生活而不自知。

　　每個人都有著不同的生命特質，包括獨特的能力、興趣與熱情、個性及過去的經歷，這都是創業者在開創事業前必須充分了解的，而不是看到市場需求增加，就一味地投入該市場，想藉此大賺一筆；那如果市場需求下降，你是否就此打住不做了呢？我想不管是賈伯斯還是祖克柏，他們固然都是先看到市場與社會的需求，才開始思考創業的計畫，但他們遇到困難挑戰時仍能繼續以此目標前進，不外乎是他們深知自己的興趣與熱情所在，明白自己能做什麼及不斷堅持自己的理想與使命的關係。

　　以祖克柏來說，他小時候就很清楚自己想要什麼，在少年時期就已經在為美國線上（美國網路公司）編寫功能代碼，學會程式設計，奠定自己

創辦 Facebook 的關鍵能力。此外，祖克柏也深深意識到，值得付出心力
去做的事，大多都不是容易的，甚至是不可能的任務，但他專注、堅持在
自己的目標與才能，努力地實現夢想，所以才有今天這般成就。

祖克柏曾說過：「成功不是靈感和智慧瞬間形成的，而是經年累月實
踐與努力的工作。所有真正值得敬畏的事情，都需要很多的付出。」所
以，當我們在審視祖克柏的成功時，不能只看到其成功的果實，想想自己
是否也有他那不斷挑戰自己與解決問題的毅力。

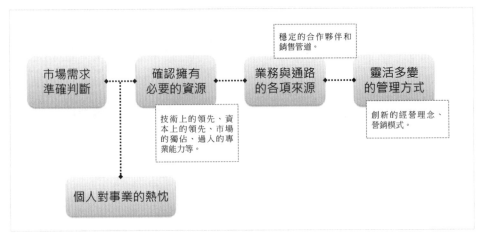

成功創業藍圖

3 斜槓微創業，你也能轉正當老闆

　　根據一份調查報告的結果顯示，上班族會因薪資過低萌生兼職念頭，不過仍有不少人雖然有兼職意願，卻沒有採取行動，原因除了不知道自己可以做哪些兼職外，還包括下班時間不固定、正職工作量太大無法分心兼職、擔心身體健康無法負荷等因素，至於兼職者則有四成多的人打算慢慢將兼職轉為正職，更藉此累積個人的創業資本。

　　這份報告凸顯出一個現象，在經濟不景氣、薪資不如預期的時候，多數人會希望透過兼職增加收入、尋求出路，而對於有意創業的上班族來說，兼職不僅是賺取創業資金、累積實戰經驗的途徑，有時透過接觸消費者的「田野調查」，也能收集到具有建設性的資訊，進而有效完善自身的創業計畫。無論是上班族、學生或家庭主婦，想創業當老闆卻苦無資金與時間，那「斜槓創業」就是一種可以利用有限時間累積資金與資源，逐步打下利基市場基本盤的創業模式。

　　一般來說，選擇斜槓創業的人，多半會以正職為主、創業為輔的模式進行，但如果做事漫無章法、無法將時間安排得當、忽略體能負荷等問題，到最後很容易變成只是單純賺取額外收入，而無法計畫性地實踐創業。有鑑於每個人斜槓創業的情況不同，透過以下創業的案例介紹，讓你能從中事先了解斜槓創業應掌握的要點，繼而在投入創業前做好完善的規劃。

對那些有意以斜槓來改變人生，作為創業起點的人來說，在採取行動前要先建立以下三個基本觀念：

❶ 劃分好主次順序，先求兩者兼顧，再談創業轉正

斜槓創業者首先要考慮的，絕對不是如何榨乾時間從事複業，而是如何將自己的價值有效變現，又能避免影響到學業、工作或家庭生活，比方有正職工作的人，必須區分出正職工作與兼職的主次順序，盡量不要在上班時間從事自己的斜槓事業，或利用公司資源來圖利自己，一來能避免勞資糾紛，二來也能兼顧正職與兼職，等時機成熟、條件備齊、事業基礎穩固之後，再全力衝刺個人事業，大幅降低創業失敗的機率。

舉例來說，專營流行服飾的 JOYCE-SHOP 創立人楊安婷便是利用下班時間兼職網拍而創業成功的斜槓創業者。她透過網拍二手衣物，一邊從中觀察網路購衣族的消費偏好，一邊逐步確立自己的事業方向，直到半年後累積足夠的網拍經驗、品牌知名度與創業資金後，才辭去工作全心投入個人事業。

由於前期的市場營運經驗與消費者基礎，楊安婷在兼職轉正後，才得以放開手腳，除了自創服飾設計款之外，也與供貨廠商建立合作關係，確保新款服飾能定期上架。此外，她更憑著自己對流行資訊的敏感度，以及對消費者心理的掌握度，清楚將商品定位在實用實穿的基本款服飾，並利用大量進貨壓低成本，滿足網路購衣族追求物美價廉、好穿好搭的需求，創下平均月營收 300 萬的佳績。

楊安婷的斜槓創業實例說明了，在你選擇以兼職創業踏出經營個人事業的第一步時，顧好正職工作，並為自己的創業計畫做足準備，是保守穩

妥的低風險做法。尤其當正職收入是重要的經濟來源，但你的條件還未備齊，對於即將投身的創業市場也不夠熟悉時，與其貿然辭去正職工作，面臨可能發生的經濟壓力與創業的挫敗感，不如一邊上班賺取穩定收入，一邊兼職了解市場趨勢、摸索營運模式，累積創業需要的人脈、資金與市場經驗。

2 做好個人時間、健康與資源的管理與規劃

斜槓創業者必須妥善管理時間、健康與資源，無論是運用下班時間還是空閒時段從事複業，都應從整體效益的角度做好相關規劃。舉例來說，有些人會認為，利用下班後的時間兼職可有效發揮創業效益，但如果你的斜槓工作必須消耗大量的勞力或精力，甚至犧牲睡眠時間，就很容易在白天精神不濟，直接影響到正職的工作表現，並埋下拖垮身體健康的隱患。

從長遠的創業效益來說，這類看似有效益的做法，其實潛藏著高風險、高成本，結果反而讓人得不償失。因此，斜槓創業之前，應先想想自己有哪些時間可以利用，及如何依據正職工作量、兼職工作的性質內容與總體精力的消耗程度，規劃出適當時段，避免因為急於求成，導致在兼職事業未上軌道之前，就落入了工作表現不佳被辭退，而身體健康又亮起紅燈的窘境。

對那些斜槓創業者來說，創業只是本職業外的另一斜槓，不像全職創業者能投入所有的精力來經營，對於可用時間、可用資源的規劃更應具有效率與效益，例如廣受 PTT 鄉民推薦的「張先生自助搬家」，他便是善用時間與個人資源來斜槓創業的最佳例子。

張先生原先從事貨運業，由於發現搬家費用對學生族群來說，是一筆

不輕的負擔，許多學生族群為了省錢，有時只需要一台貨車加上司機協助運送物品，剩下的搬運工作完全可以自己搞定。所以他利用閒暇之餘，以「1.9 頓專業貨運車配備司機」的形式，提供學生族群自助搬家服務，計費方式採取一口價，如果只是搬運物品上下車，兩地距離也不遠的話，出車一趟只需 700 元，如果貨車有空間，可以連同機車一併運過去，若有需要還能免費拆冷氣。如此便宜又實惠的服務，果然受到學生族群的歡迎，有鑑於利基市場逐漸形成基礎，以及學生族群的口碑行銷，張先生最後也全職投入自助搬家事業。

值得一提的是，類似自助搬家及其他提供個人化的專業服務，現今被不少人視為微型創業的選項，然而，創業要考量不只是市場商機，還包含長遠經營的可能性、相關法規的了解、獲利模式的建立等等，所以在斜槓創業前，最好還是清楚擬定未來的事業發展方向，避免原先創業的初衷，最後演變成兼差打工而已。

❸ 培養「老闆思維」，並以「全職心態」看待個人事業

斜槓創業者，要讓自己做好戰線拉長的心理準備，因為礙於有限的經營時間和兼職事業的類別，許多時候創業的成果未必能馬上顯現，若是欠缺犧牲享樂時間、經營複業或斜槓人生的決心，耐性及抗壓能力低落，一旦遭遇挫折很容易半途而廢。而一般來說，斜槓創業者在選擇未來要發展的事業時，如果挑選的是符合自身興趣專長的事業類別，通常有助於激發動力與續航力。當然最重要的是，你必須以「全職心態」看待個人事業，培養自己的「老闆思維」，這往往也是提高創業成功機率的關鍵。

舉例來說，「花巷花意」花藝店的創立人張哲嘉自小就喜歡蒔花弄

草，國中便到花店打工學藝，不到十八歲就考取了花藝基礎證照，但家人們卻不看好他從事花藝，只好選讀電子相關科系，利用課餘時間執行自己的創業計畫。他除了透過積極參加花藝大賽累積經驗外，也充分把握畢業典禮、校際活動……等機會，一展自己的花藝長才，力求學校讓他協助會場布置或花束設計。

隨著打出市場口碑，以及接連獲得幾座花藝大獎，他成立花巷花意，一圓創業夢。花藝店開張後，張哲嘉也同樣要面對嚴苛的市場競爭，但他憑藉著以往接案與參賽的實戰經驗，以鮮明的「主題式花藝設計」確立了經營風格與走向，而無論是擺脫傳統制式花籃花束的創意設計，還是因應客戶與場地需求提供貼心、專業、藝術感的花藝服務，都讓他的花藝事業深獲青睞；這一路艱辛走來，他現在更跨足婚禮布置，獲得不少新人們的肯定與支持。

從斜槓創業到完全開業，張哲嘉花了六年的時間，期間不僅遭遇來自家庭、學業、事業的多重壓力，對自我理想的實現也飽受考驗，但也因為這些年的磨練，使他面對正式創業的諸多市場考驗，才能走得穩健而從容。且張哲嘉的創業案例，無疑凸顯出一個重點，無論斜槓創業者的創業歷程時間長短，過程中都應確認自己是否混淆了斜槓創業與兼差打工的界線；換言之，當你能以經營事業的角度思考事情時，你才不會迷失於眼前的短暫收入，能站在更高的局勢位置，投入精力去設想怎麼做，才能為日後的自主創業排除困難；有效學習市場經營、財務控管、行銷策略乃至於品牌管理的知識經驗，如此不僅能真正減低創業失敗的風險，也能有效累積個人的創業籌碼。

以兼職的方式創業，用全職的心態經營

透過上述三個案例及三大基本觀念的介紹，我們不難發現成功的斜槓創業者，都有一個共通特點：以兼職的形式創業，用全職的心態經營。這意味著在完全自主創業前的準備期間，我們就要體認到自己是個老闆，對於時間和資源的規劃、營運知識的學習、商業模式的摸索等等都必須有所規劃及整合。如果你正準備開始斜槓創業，那以下羅列的三大要點，能幫助你構思創業計畫的相關方向：

1 別忙著計算額外收入！設定並關注對未來發展有益的目標

一般而言，多數斜槓創業者會先從小額資本、不需添購過多生財設備的產業邁出第一步，且在初期，除了計算投資報酬率外，你還要設定並關注有發展性的目標。假設你打算販售實體商品，無論商品單價高低、銷售通路為何，都應記得觀察客戶對商品的評價與喜好，了解目標客層的消費特性，尋找最佳的行銷模式；從「做中學、學中做」所獲得的實戰經驗，不僅能幫助你逐步養成商業靈敏度，也有助於擬定個人事業的營運方針與品牌策略。此外，如果你計畫以自己的知識技能投入，建立專業形象、強化客戶服務流程、培養忠實客戶將是第一要務，因為口碑式的行銷通常最能吸引目標客層，逐漸形成利基市場，只要你能獲得目標客層的信任與支持，就越能替未來自主創業打下堅實的市場基礎。

2 運用人脈資源，創造兼職創業的助力與優勢

斜槓創業要投入的心力絕不亞於自主創業，必要時你甚至必須尋求他

人的援助，因此，若能在正職工作中，建立有效的人脈資源，並妥善運用，反而能成為你斜槓的優勢；且如果你對未來要發展的事業類別與市場環境並不熟悉，那在斜槓創業的過程中，培養並累積業界人脈就更至關重要了。好比零售商、通路商、批貨商等業內人士，他們能提供務實的市場建議，若能建立長期的合作互惠關係，對雙方來說都是一件好事，尤其在自主創業之後，他們將會是一股強勁的助力。

值得一提的是，當你有意找尋合夥人一起創業時，多一個人固然能多一份助力，倘若雙方沒有良好的溝通模式與合作默契，未來將很有可能花費太多時間在化解內部矛盾上，所以選擇合夥人時，務必慎重考慮人選，並仔細評估雙方合作的可行性，至於相關的「責、權、利」更應劃分清楚，以免衍生糾紛。

❸ 建立斜槓創業的風險控管機制

斜槓創業者所付出的一切努力，皆是在為自主創業做好充足準備、提升創業成功的機率，而放下正職工作專心衝刺個人事業的時機點，至少應符合兩項條件，一是收入已能因應辭掉工作後所損失的薪資，二是副業已擁有利基市場的基本盤，且業務量呈現穩定成長。當收益與事業發展前景明確可期時，斜槓創業者再全力經營自己的事業，不僅可以確保創業後的營運能立即步上軌道，也能有效降低失敗風險。

此外，當你碰到斜槓創業的發展情況不如預期時，與其埋頭咬牙苦撐，不如找出問題做出調整，也許是你對自己選擇發展的行業類別評估有誤，錯估了自身兼職創業的能耐，或是實際營運方式不夠成熟等等，唯有釐清問題根源，才能做出明智的應變措施，避免矇著頭走了冤枉路，讓創

業計畫草草收場。

　　儘管你的創業夢是先從微型的斜槓開始，也需要足夠的熱情、耐性與衝勁，更要時刻充實自身的創業能力、做好自我管理。而當你藉由工作經驗、自身專長、興趣嗜好、市場商機交叉評估出適合自己發展的行業後，除了應掌握正職與副業的平衡發展外，也應把握斜槓創業中所遇到的各種學習機會，努力補強當老闆該具備的知識與技能；只要能從實戰中獲取市場經驗，累積創業籌碼，即便時程拉長，也終將以安穩而紮實的步伐邁向創業成功之路！

4 能斜槓的，不是只有年輕人

現在流行的「斜槓青年」，其實早在幾年前就有了，但那時不叫斜槓青年，而是稱為跨界；在更早之前，則稱為個人品牌，透過打造個人品牌，來提升自己的價值。所以，我想再過一兩年，斜槓青年或許也沒什麼人提了，可能會冒出來一個新的名詞，比如知識型……之類的，但觀念其實差不多。

美國肯塔基州有個男人，他退休之前從事的是雞肉料理生意，業績還非常的好。然而，因為一條規劃中的州際公路，預計穿越他的店面，屆時勢必嚴重影響生意，他只好賣掉店面、熄燈歇業，強迫退休，靠著政府提供的福利津貼過活。

從一個成功商人淪落為靠津貼過活的老人，男人並沒有怨天尤人，反而用盡所有積蓄，到全國各地旅遊，並順道用自己的雞肉料理與自製香料，與當地的餐廳老闆做買賣。十幾年後，經銷這樣雞肉料理的餐廳已經超過了六百家，它就是現今速食業界無人不曉的領導品牌——肯德基（KFC）。

俄國作家高爾基（Maxim Gorky）曾說：「天才在於自信，在於自己的力量。」史丹佛大學教授卡蘿·德威克（Carol S. Dweck）也指出：「如果我們相信自己可以改變，就一定做得到。」

許多人一心想著努力奮鬥，但終究無法獲得成功，敗在哪裡？敗就敗

在他們不斷提醒自己資質有限，不懂得換個角度思考，替自己活出不一樣的人生，創造不一樣的價值，成功機率當然渺茫。

「當你的腦中出現某個思想，就會吸引其他相近的思想。你是否曾經因為想到了某件不愉快的事情之後，情緒就越變越消沉？那是因為當你開啟一種想法，吸引力法則會立刻帶來更多同類的思想，於是不出幾分鐘，你就會吸引許多負面情緒，讓整個狀況變得越來越糟糕。」這種效應被稱為「吸引力法則」，其實這也是「潛意識」在作祟，雖然你的大腦清楚明白，但卻無法改變。所以我們要將正面的思想留在心頭，將負面思想快速倒出，正面能量將自動向你靠近。

其實，每個人都是斜槓青年，每個人都有其獨特的價值，有的人拙於言辭，但擅長策略性思考；有的人擁有人際魅力，但不擅長規劃；有的人則反應不快，但很有耐心和想法。當你這樣認定你自己的時候，你就會無比的信心，去做所有事情，並在這種信心的驅動下，不斷以斜槓的態度學習和成長。

導演魏德聖憑著「海角七號」電影打破全台國片票房紀錄，但你知道幼時的他，就是家庭中最不出色的孩子，不僅不如二弟善於組裝修繕，為家裡的鐘錶眼鏡事業有所貢獻，就連在校成績也是慘不忍睹；他唯一的喜好就是編故事、想故事，直到服完兵役後，他才知道這是他的價值所在，是成為一個優秀電影人的基本要件！於是他開始發想劇本，四處籌錢拍攝短片，終於讓登上大螢幕的《海角七號》寫下國片奇蹟，並持續打造《賽德克‧巴萊》與《倒風內海三部曲》，一部一部釋放自己，產生不一樣的價值，形成他的「個人品牌」，進而產生更多的收入。

「個人品牌」不是被包裝後長得很像的履歷表而已，個人品牌要能展

現出個人多元興趣或多元經歷，包括遊歷過好多個國家，且能克服並享受旅途中遭遇的所有意外；接觸過好多新奇事物，並始終保有強烈的好奇心；培養出多重興趣，且都很認真的做到看起來專業，甚至已經成為專業，諸多種種都無時無刻成就著我們的斜槓人生，不被年齡所受限。

當所有的未來都是新的、無法被確定，都是過去成功經驗無法複製的新境界時，這樣的「個人品牌」才能在自身所在的產業崩壞時，依然能悠然的跨界，接受不斷進步、不斷改變的考驗，承受新產業、新產品和新服務的挑戰。所以，這個「個人品牌」絕對是你自己「有意識」的被展現、記錄和累積，每個不同的人都有不同的專長、不同的素養累積所展現出來豐富的樣貌，而不是「傳統品牌行銷」那看起來很像的「職涯履歷表」。

 打造你的斜槓世代

根據主計處最新統計，台灣現在從事部分時間、臨時性或人力派遣工作的「非典型就業者」已經突破八十萬人。他們很多並非是失業的「魯蛇」，而是三十五歲以下，不願像父母那輩一樣，只專心做一件工作；現在的人，已不再滿足單一職業，他們擁有多項專長（業），不喜歡傳統職場制式的管理方式及工作時間，看重自我價值實現，遠勝過名片上的「抬頭」。

當我們還是學生時，父母總會說把書讀好就是你的責任，你可以不懂怎麼洗碗、煮水餃……只要考高分進入好學校就好；選科挑系時也只要你精於一項專長，其他人情世故都不重要；出了社會更是勸你要沉得住氣，好好保住飯碗，因為滾石不生苔、轉業不聚財，但事實真是如此嗎？

想成為斜槓青年，最重要的就是開發自己的優勢。如果你在某方面有優勢，那就不斷地開發它，使自己成為這個領域的專家，那你的斜槓就能成立。我們身處的這個時代前所未有的多樣化，如此細分且需求豐富的市場，替每個有專長的人帶來打造多重身分的機會。那如果你沒有專長怎麼辦？答案很簡單，去找！

　　想一想你做什麼事做得最棒？你做什麼事別人對你很認可？你最羨慕什麼樣的人？別人擁有怎麼樣的能力，讓你崇拜？從這些地方著手。以我的經驗觀察，發現知識其實是互相加乘累積的，你想要成功就先專攻於某一個特定領域，成為精通這個領域的專家，再和另一種行業一起加乘；這和一個人的思考模式一樣，當觸及事物本質的程度越深，在各個不同領域都能涉獵到相通的觀念或欠缺的知識，更進一步的互相補強各個專業特有的優勢，但前提是你得將每一種領域的訊息進行整合及聯結。

　　相信在一個領域工作或學習之後，每個人都可以分析歸納出一些適合自己，並能簡化加速效能的流程，掌握這些關鍵元素後，得到這個知識的過程和邏輯，其實一樣可以在別的領域加以彈性運用。被眾多投資人尊稱為股神的華倫・巴菲特（Warren Buffett）曾說過：「台北只是台灣人的台北，但上海卻是全世界人的上海。」只有開擴眼界和視野，才能放大自己的格局。因此，巴菲特多次進出上海，卻從未來過台北！

　　更甚者，我們還能將一個領域學習到的 know how，應用到另一個完全不相關的範疇，進而創造出一個全新的天地，為了達到這樣的成果，該從哪裡開始著手？首先我們需要重新學習如何思考，深度思考就像下一盤棋局一樣，而這盤棋可以決定自己的人生，不要掉入舊有的思維中，保持追尋有趣事物的好奇心，更寬廣的增加知識層級，然後以樂觀的心態面

對這個世界。

　　一開始你的斜槓、創業可能是因為要增加收入，在正職之外多了另一項有收入的兼職，但這個多元世代的產業或公司，最重要的資產是人才創新和研發，因此也改變了工作的意義，當一個想法改變之後，你的世界就會完全不一樣。

　　更多時候可以看到原本視為兼職的興趣，卻越做越投入，反而後來的發展和收入都超過了原本的正職，所以做喜歡的事情，那份熱情可以將工作轉變為一種快樂的生活態度，而你想過什麼樣的生活，完全取決於自己。

　　不論是為了學習、興趣或創業，每個人都可以有多重職稱和角色，進一步體驗多重人生，掌握自己的生活，跟上趨勢的轉變。只要簡單的一個步驟：更新所有傳統的思維，就能接受不一樣的觀念，進而創造出屬於自己的斜槓！

　　所以，各位有創業夢想的創業主們，行動吧！只有行動才能改變你原有的命運！看完本書後，就開始行動，但行動指得是規劃，好好問問自己：在今天以前，揮霍了多少的錯誤與悔恨呢？

　　你想創業嗎？哪怕只有你一個人，你家裡的書桌就是你的辦公室，你隨時可以開始斜槓、開始創業了，想想自己可以做什麼，開創多元收入；哪怕你是繼續上班工作，仍然把它當做你多元生活的一部分，從各個方向去找尋不同的收入，然後貫徹執行！

鞋王傳奇，三度被哈佛列為教案

聰明過人的謝家華，學業成績始終名列前茅，且從小就愛創業賺錢，但他不同於一般老闆的思維，隨著財富增加，他對人生的目的更不斷地改變。

他十九歲哈佛畢業，二十四歲成億萬富翁，二十八歲賠光所有積蓄，三十六歲又成為身價 8.5 億美元（約新台幣 256 億元）的全球網路鞋王，他的鞋店，買一雙送三雙試穿，來回免運費，可退貨期長達三百六十五天，這是一個臺灣移民之子所完成、不可能的創業傳奇。

「在所有人眼中的三個字：『不可能！』就是 Zappos 打造網路賣鞋王國的關鍵服務。」

謝家華，十九歲哈佛畢業，拿下全世界程式寫作總冠軍；二十四歲賣掉第一家創業公司，身價就達 4,000 萬美元（約合新臺幣 12 億 8,000 萬元），被喻為楊致遠（Yahoo 創辦人）第二。二十五歲時，與史威姆（Nick Swinmurm）創立 Zappos，成為世上第一個在網路賣鞋子的人。當時，沒人看好，三年內便把自己賺到的 4,000 萬美元全花光，連銀行、創投的資金共燒掉近 2 億美元資金，第七年才開始賺錢。

這家公司成為全球最大的網路鞋店，銷售額逾 370 億元，占全美國鞋類銷售的 1/4，連電子商務龍頭亞馬遜（Amazon）都俯首稱臣。

一般公司對客服的心態是：能省則省，許多企業也將客服外包到印度、菲律賓等國家，但 Zappos 卻把客服視為公司最核心的競爭力，絕不外包。在拉斯維加斯總部，七百名員工中，客服人員的比例超過總員工數的六成，以平均時薪 15 美元計算，光人事費用就是同業的十五倍。

打電話到 Zappos，你絕對不會像個笨蛋一樣拿著電話枯等幾分鐘，反覆聆聽「我們非常重視您的來電……」等魔音穿腦的語音答錄，平均十二秒就可以與客服人員通上話，而且沒有任何 SOP（標準作業程式）的制式回答。

你可以把客服人員當成時尚顧問、鞋類諮詢、聊天對象，曾經有名顧客打來一聊就聊上六個小時。假如你實在找不到理想鞋子，客服人員還會介紹你去其他網站上買，甚至乾脆幫你從別的地方訂購。

謝家華解釋：「電話是建立品牌最好的管道，你去哪裡求顧客跟你講上十分鐘的話呢？這十分鐘給他們的感受遠超過一千個廣告！」資深客服經理茱德（Jane Judd）也說：「如果顧客高興的話，他們購買的意願就會提高。」

Zappos 跳脫通路思維，用品牌的概念來經營，讓消費者養成買鞋就聯想到 Zappos 的習慣，讓他們連比價都懶得比；但也因此導致公司的財務風險大增，存貨周轉天數高達一百四十七天！

「一般人只看到這樣做會虧錢，就停止往下想了。」而 Zappos 模式最創新的地方在於突破思想上的盲點，「所有的公司都是以營利為目的，但他卻反過來，先去考量消費者的需要，把賺錢擺在最後。」

「我們是一家『服務』公司，只是恰巧賣的是鞋子。」謝家華說：

「我要讓每位消費者打開包裝盒時，都能驚喜地喊出一聲『Wow！』。」

如今，Zappos 的倉儲存放著二十多萬款、四百三十萬雙鞋，二十四小時全年無休地進出貨，為求效率，他們還採購全自動化的機械手臂、圓盤輸送帶、以及機器人來管理存貨。

《哈佛商業評論》指出，Zappos 的商品圓盤傳送帶是全美最大的傳送系統，可存放一百五十萬個物品，每小時可處理一百八十個物品，比傳統的靜態貨架速度高上好幾倍，從接到訂單，到把貨品放上卡車，平均只要四十五分鐘，可謂鞋業的沃爾瑪（Walmart）。

就這樣，他在一片「Wow！」與「不可能」的聲浪中，打造出一個連亞馬遜也要低頭的網路帝國。

**參考來源／商業周刊 1184 期

2
SLASH

創業緣起於
一個夢想

為實現夢想甘冒一切風險而發生的奇蹟，
只有你能看得到。

It s the magic of risking everything for a dream
that nobody sees but you.

1 創業，創造出你的事業新價值

　　想要創業，你得問自己四個問題，首先，你的產品是什麼？產品是廣義的，它不一定是有形的，也可以是無形的，更可以是一種服務或某種構想，這些都可以叫產品。再者，你的創意在哪裡？人才招募的方式是什麼？是否需要團隊？請注意，思考這些問題的前提是，你必須具備領導力，因為現在是你自己要創業，而不是加入別人的事業。好比說，如果你加入馬雲的團隊，那需要具備領導力的是馬雲，不是你；但如果是你想成為馬雲，那你自己就必須要有領導力。

　　從金錢角度來看，創業產生的附加價值，即為創業者的事業價值，當創業者增加 10 元的成本，就能增加 10 元以上的價值時，這就是一件創造事業價值的投資。例如，超商原本是零售業，現在能藉由店面，代收消費者的各類民生費用，從中收取手續費，創造更多的附加價值。

　　超商提高附加價值的商業模式，不外乎就是解決消費者的問題，而創業者則透過解決問題的過程，創造另一番事業，比如超商為了解決消費者繳費的困擾，開創了代收業務，進而得到超商想成為民眾「便利通路」的目的。所以，創業不一定要設立一間公司，或是做生意，它可以是廣義的，只要實踐了任何創意、構想，都可以稱為創業，哪怕是設立一個公益團體……等等。

　　因此，創業者除了在解決問題中，能創造出個人額外的價值外，也可

以在創造新需求中，創造事業的營利價值，比如 LINE 開發大量的可愛貼圖，讓消費者購買下載，每年獲得 3 億美元的營收。

貼圖的發明和普及，也讓我們的生活變得更有趣，使通訊變得更生動，雖然不像超商能化解消費者的生活困擾，但貼圖仍成為 LINE 的事業價值之一。因此，我們可以從超商與 LINE 創造事業價值的觀點來假設，大眾一般會把錢花在──

- 解決問題：把錢花在超商，解決繳費問題。
- 創造需求：把錢花在玩 LINE 貼圖，追求玩樂。

且創業者在創造需求的同時，就一定會解決問題，這兩個互為因果，不能分開來看。以 LINE 來說，它看起來像是創造貼圖需求，但其實也解決了大眾覺得通訊無趣的問題；所以，創業者最好以解決問題為出發點，來思考如何創造價值，不要忘了創造需求，也能解決問題，創造出自己的事業價值。千萬不要狹隘地從解決問題或創造需求這兩點，來看自己的事業價值，要懂得從兩者間的相互關係找出價值。

從創造需求來看，LINE 貼圖或許沒解決什麼大不了的問題，但貼圖其實引領潮流，帶領人們進入一個更美妙的通訊生活，然後趁勢賺了大錢。從解決問題的角度來看，超商解決了繳費問題，也創造了代收需求，人類的需求欲望和夢想無邊無際，創造需求與解決問題，同時並存於消費市場上，創業者在創造事業價值時，必然透過「發現生活需求→製造市場需求→行銷需求」這個過程，創造出前所未有的事業價值，就像 LINE 的貼圖一樣，LINE 發現了人們可能想讓通訊變得有趣，因而製造了貼圖市

場，再用行銷貼圖來創造出消費者的需求。

　　創業者創造的價值不僅是打造產品而已，更是創造出幫消費者解決問題的價值。所以，產品價值是創業者跟消費收錢的基準點，沒有產品價值就談不上價格，如果 LINE 的貼圖沒有可愛價值、通訊價值，想當然，就沒有人願意花錢下載。大多時候，產品價值即是創業者的事業價值核心，沒有產品價值的生意不可能長久；現在之所以有這麼多的免費線上遊戲，其實是想創造好玩的價值，然後透過價值收取一點點的價格，積少成多產生更大的營收。

價值如何被創造

　　大多的創業者開始創業時一般都不太清楚，得在創業的過程中，才慢慢了解事業價值如何被創造。LINE 剛推出時最直接的價值，便是幫客戶節省「通訊成本」，只要藉由行動網路便能與他人聯繫，省去原先一個月 300 ～ 1500 元左右的成本，並搭配貼圖區塊創造另一種營收價值，迅速取得極高的市佔率。

　　還有另一個創造事業價值的方式——幫顧客節省「時間」。像便利商店代收、披薩外送、洗衣店、代客排隊……等等，節省時間的價值，對忙碌的現代人來說是很必要的，只要從這個方面去思考自己的事業價值，商機點自然會慢慢浮現。

　　接下來就是幫客戶省下「麻煩」。民眾認為繳費麻煩，因而誕生了便利商店代收業務；沖洗底片麻煩，所以誕生了數位相機；帶很多書出門閱讀很麻煩，於是誕生了平版電腦、電子書等閱讀工具。創業者的事業價值

就是讓消費者在意的事情簡化，並在省去麻煩的過程中創造新需求，不管創業者從事哪一行，只要能從食、衣、住、行、育、樂等各方面，深入人性深層需求，提供他們更好的產品，省去生活上的不便，就是為自己的事業創造價值。

確認消費者問題並創造事業價值後，接著就能思考產品走向。產品走向就是確認客戶問題和價值訴求的存在，因此，一個好的產品只需要專注於解決問題，其他不必要的衍生功能都可以晚點再做，比如「Google」原先只是搜尋系統，主要解決大眾搜尋的問題，之後才又發展出其他功能解決市場需求。所以，創業者一開始必須先確認周遭普遍的問題與價值所在，再根據這個基點，慢慢把產品做得更完整。

施振榮曾說：「創業就是要為社會創造價值，所以方法手段要有所創新。」換句話說，創造價值的手段若創新，就可創造新需求，如前面提到的 LINE 貼圖一樣，貼圖各式創新圖案造就更大的價值。除此之外，創業所能創造的事業價值，不僅止於自己開店或合夥創立公司，就業也可以創業，只要在一個事業體中，不斷協助該企業創造價值、提高企業的附加價值，並有創新方法，就等於是創業。以施振榮創業為例，當年他剛就業時，進入時任的電子公司做研究開發，才有機會研發出國內第一台電腦，然後創立榮泰公司、宏碁集團，不斷創造新產品，打造自己的品牌。

創造體驗價值

網路上有很多免費試用的優惠，包括試用品、遊戲軟體……等，讓各家商店也開始創造體驗環境，像是讓消費者試用手機、平板電腦等行動裝

置。現在創業者已進入一個以親身體驗創造事業價值的年代，賣車也一樣，消費者買車追求的不只是這部車的性能、品質及維修服務而已，更要買一種感覺，一種體驗感；賣咖啡也是一樣，在超商買咖啡跟在星巴克買咖啡，體驗到的感覺不同，價格自然也就不同，儘管他們是相同的咖啡豆，但只要消費者喝咖啡的感覺不同，就能創造更高的價值。星巴克從問候到咖啡杯署名、牛奶加熱、裝填咖啡粉，這一系列的過程就是要讓消費者感受到他們的服務，享受咖啡的香味及充滿人情味的親切問候，這些感官上的體驗，因而造就了星巴克的價值。

同樣地，若你也想在消費者心中形成「高級」的評價，就必須塑造一種另類的體驗感，很多創業者自滿於自己擁有獨家的口味，認為做餐飲只要好吃，就能吸引消費者，可惜的是，消費者不只要美味，還要吃得快樂的「體驗感」！如果好吃的東西，是由一張臭臉服務生端上來的，用餐環境很糟糕，想必消費者不會想再度上門光顧；只要消費者體驗到的用餐氣氛不好，自然不會支持這樣的店家。

除了積極營造消費者好的體驗感之外，更要讓顧客覺得物超所值，錢花得值得。舉個例子，星巴克一杯咖啡 145 元，為什麼還有人買？因為買的人喝的不只是咖啡，更是店內的氣氛；但超商無法提供這種氛圍，只能走平價路線，所以星巴克比超商具有更高的附加價值，這也就是創造體驗價值與沒有體驗價值的差別。而創造體驗價值有以下三個原則要把握。

1 吸引力

試吃、試用、試玩活動，是透過感官經驗吸引消費者注意，從注意到產生體驗，再從體驗到產生消費行為，許多網路遊戲，都是先設計吸引消

費者體驗的行銷活動，透過試玩產生練功的體驗，如果消費者想更進一步增強功力，就必須消費買寶物，透過這樣的行銷策略，創造事業的核心價值。

2 溫馨感

如果消費者在餐廳用餐，突然收到一個生日禮物，感覺是不是挺好的？這就是所謂的「溫馨體驗」。到星巴克買咖啡時，店員會問對方的名字，然後禮貌地稱某某先生小姐，這種溫馨問候，在無形中拉近了店員與客戶之間的距離，比起加油站只會問九二或九五要好多了。

還有一些連鎖餐飲集團會主動幫用餐的客人慶生、唱生日快樂歌、拍攝紀念照，無非就是為了讓顧客有一個難忘的溫馨回憶，美味的餐飲不見得是顧客想買的價值，溫馨價值可能才是顧客要的。

3 獨特性

近年很多觀光工廠開放消費者體驗產品的製作過程，主要用意就是製造消費者難以忘懷的親身體驗，透過有形的商品及無形的服務，讓消費者可以一下當客戶、一下當員工，在角色互換的經驗中，留下難忘有趣的回憶。把商品視為道具，將消費者當作演員，完全參與投入商業演出，這時候獨特的體驗就會出現，再透過這樣獨特的體驗，使客戶認同創業者的事業價值，進而成為產品的愛用者。

所以，創業也應該如同近年發燒的「斜槓青年（Slash）」，擁有更多不同的附加價值，而這些價值，等同於支撐著斜槓的支柱，事業也不會輕易倒塌。

創業就是解決大家的問題，得到你想要的東西

其實創業如標題所述，透過這樣的過程，創造事業、創造價值，進而得到你想要的東西。Google 當初創業時就是想運用網路，來解決企業與個人的問題，無論是「人與人之間建立互動關係」還是「人與資訊之間的連結」，都是 Google 創造各種服務的本意，也因此讓 Google 創業成功並大發利市。

同樣地，當初蘋果電腦跨足零售業開設直營店賣電腦時，賈伯斯非常清楚蘋果電腦的價值為何，他認為，蘋果直營店並非定位在「賣電腦」，而是要「豐富人們的生活」，因此拋開傳統零售業只重視店面設計、位置選定、人員配置的想法，以提供無微不至的服務取而代之。

這包括了提供「一對一的教學服務」及「提供顧客無限時間試用各項產品」，只要走進蘋果的直營店，你可以看到店裡的老老少少正學著如何用 Page 來撰寫文件，用 Keynote 製作簡報，或使用 GarageBand 學習音樂。因為蘋果知道，當人們越喜歡使用他們的產品，就會有越來越多的人購買，進階成為忠實愛用者。

果不其然，蘋果位於維吉尼亞州麥克林的第一家直營店，於 2001 年開幕，不到五年的時間，年營業額就達到 10 億美元的規模，時至今日，他們已在全球各地開設三百二十家直營店，單季的營業額更超過 10 億美元，直營店的收入，成為蘋果強而有力的收入支柱。

蘋果直營店成功獲利的經驗，再次告訴大家，若想創業成功，必須很清楚地了解自己或產品的核心價值是什麼？就蘋果來說，他們最終的產品核心價值就是「豐富人們的生活」，所以不僅產品的設計理念如此，在零

售、直營店的經營也是如此，才因而能在競爭激烈的市場上，維持領先的地位。

相信很多想使用蘋果產品的消費者都會有這樣的疑問：我原先使用的是 PC 電腦，倘若改成蘋果電腦，是否會有不適應或不習慣的問題？對此，蘋果透過直營店一對一的教學服務，由專人解說及顧客親自操作的方式，讓問題輕易地被解決。蘋果電腦直營店的成功創業模式再次證明，創業其實就是「解決大家的問題，得到你想要的東西」。

2 抓住趨勢，人生從此 Start Up

現在滿街都可以看到 7-11、全家便利商店，但在我小時候完全不是這樣的。我小時候因為家境不是太好，要幫忙到街上擺攤賣東西，所以我清楚記得，早期街上都是雜貨店，沒有任何一間 7-11。就算那時候，全台灣最好的雜貨店有一流的管理系統、老闆非常勤奮、僱用的員工也很好、價格公道、進貨成本是全台灣最低……但它可能還是會宣告倒閉，為什麼呢？看起來沒有任何倒閉的理由，為什麼它還是會關門呢？因為它被 7-11 擊敗了，7-11 其實就是一股時代的趨勢，將台灣原有的小雜貨店都淘汰掉。

全台灣走透透，我只找到二間較大的雜貨店仍存活著，一家在台北市城中市場，另一家在西濱 61 號快速道路上，其他地區不是 7-11，就是全家、萊爾富等超商，而這就叫時代的趨勢，也就是「選對池塘釣大魚」，若你不懂得順應趨勢，即便你的雜貨店管理再好、財務再好、進貨成本再低、價格再公道，你仍然會倒閉。

　　所以，你一定要弄清楚時代的趨勢為何，像目前大陸喊得震天價響的是「物聯網＋」、「＋互聯網」。我雖然是傳統出版業出身，但曾經寫過一份企劃案叫《＋互聯網》，計畫把傳統的出版品跟網路加以結合，再另外迸出什麼新概念、新噱頭。至於池塘，有很多人以為那是指產業，事實上，也可以是優質的平台和人脈圈，因此，從今以後你一定要做一件事——只要認識新朋友，務必和對方互換名片，告訴別人你是幹什麼的，也問問對方從事什麼行業的，將來都有機會可能合作。

　　成功需要時間，而創業是需要機會的，但心懷夢想的人們，通常都不知道該如何來尋找創業機會，不同的人對於商機的嗅覺是不同的，所以創業的方式和模式也因此存著差別，那些看似不起眼的工作環境中，其實也大有商機；創業者要仔細思考方向，從外部環境分析創業機會，再思考可以整合什麼資源、以創造機會！

　　對於腦袋清楚的人來說，他們會主動創造機會，但對大多數的民眾來說，機會是被發現出來的；所以，試著多從自己身邊的點滴中，找出創業機會，千萬別忽略了我們身邊的創業機會，那些看似不起眼的發現或許能幫助你成就一生的事業。

　　且創業過程中，若做足準備，可有效降低風險、避開創業陷阱，比較容易創業成功。那從初期創業發想到經營管理，要如何去思考、準備、評估與判斷商機呢？

　　舉例來說，2017 年消費電子展（CES），VR 眼罩紛紛出籠，各業者無不想提早卡位，從虛擬實境的商機中分得一杯羹，VR 眼罩已然成為一門「潮流」。好，現在問題來了，既然 VR 眼罩為電子產業帶來一波商機，那麼想創業的人，該切入這個市場嗎？這市場未來能再創造多高的收

益？在競爭如此激烈的年代，各大梟雄早已佔據市場，你的市場商機又在哪裡呢？這都是創業者要評估的問題。

再以目前穿戴裝置市場上已開發成熟的智慧型手錶來說，一般功能包括接聽電話，看到來電者的身分，確認地標及內建的計步器和心跳測量器……等。那投入智慧型手錶是否會成功？其實不管是什麼產品，我們都可以從總市值、利潤、技術、時機等不同面向來分析出幾個商機點。

- 商機點一：市場大，手錶 2017 年產值 90 億美元。
- 商機點二：有利潤，手錶毛利率約在 60%。
- 商機點三：有吸引力，手錶利潤高於其他行動裝置。

從以上三個商機點我們可以看出，智慧型手錶未來的收益很可觀。相對的，創業者又該如何從 VR 眼罩的流行趨勢中，尋找自己的創業機會點呢？

評估創業時機

我們從「穿戴裝置商機」觀察，可從趨勢、自我、時機、技術、行銷、服務六個方向評估創業時機。

1 趨勢

首先，觀察創業市場的流行趨勢，看該產品有沒有兩至三年以上的光景，創業不是一窩蜂搶攻市場，不管做哪一行，都得先看看自己能否在市

場上屹立不搖。就像某些知名蛋塔店，在退燒後依然存在。

創業者要看到的是自己的專業技術和品牌價值能否在趨勢中打開知名度，而不是盲目的跟風。

2 自我

看出趨勢之後，先問問自己的專業能力能否追隨趨勢，創造自己的獨特性，開發市場。例如一對夫妻，一個懂生物科技研發，一個懂行銷，只要兩個人將專業結合，就可以從美容市場中，研發出適合女性美容的產品，抓住醫美趨勢。

3 時機

天時、地利、人和，每個時機點都要環環相扣，從趨勢來分析市場走向，選擇切入市場的範圍，且洞悉產業發展的趨勢及範圍後，應審慎評估是否有充足的資金、人才來開創事業，以眾人之力分散風險，避免日後創業失敗而走上絕路。

4 技術

有人開小吃店生意興旺，有人生意卻很差，重點在於製作小吃的技術，能否讓消費者覺得「好吃」；你要具備讓消費者覺得美味的好手藝，小吃店才會生意興隆。其他像手工香皂創業者，擁有創新技術及研發模型的能力，掌握了關鍵技術，並致力於市場的開發，打造出有機手工香皂的品牌，自然能在這波養生風潮中，找到自己的定位。

5 行銷

這年頭靠口碑行銷，創業成功機率才會高，好吃的東西有口碑，就會有人買；好用的東西在網路上有口碑，自然有人主動下單，產品口碑已然成為創業成功必備的條件，若能有效利用口碑宣傳管道，打開市場能見度，產品打入趨勢的機率才會大。

6 服務

創業者必須先從消費者的觀點，來看他們要的服務是什麼，才有可能讓消費者買單。比如在網路上買一件純手工訂製的禮服，標明三個星期後可以拿到衣服，結果竟然等了三個月，那這樣即使產品再怎麼精緻，也無法讓消費者接受。所以，一定要確定產品或服務的獨到之處，只要有獨到之處，自然會有消費者買單。

培養機會發現力

發現創業機會是當老闆必備的能力之一，若要有這種能力，就要在日常生活中加強實踐，培養市場研究調查的習慣，了解市場供需狀況、變化趨勢，從各種知識、經驗、想法中汲取有利於創業的東西，以提升發現趨勢的能力。

好比投資餐飲業，必須先調查、研究店面的曝光度、成效有多高，招牌怎麼放才顯眼；要在哪個地方租看板廣告，評估消費者的活動範圍；而選定店面後，還要考慮商圈周邊的人，消費動機高不高；以及消費者的移動速度，每個人會在街道上約停留多少分鐘，從這些小細節觀察中，研判

出自己的創業機會。發現趨勢要有獨特的思維能力，絕佳的機會往往被少數人抓住，唯有抓住被別人忽視的機會，才能找到自己的立足之地。

以美國知名品牌 Levi's 為例，當初創始人李維‧史特勞斯（Levi Strauss）去西部淘金，每位淘金者需要過河才能淘金，他看到擺渡過河的商機，因而做起了擺渡生意，賺了不少錢，不久擺渡生意開始變得競爭，Levi 又看到淘金者採礦需要大量的飲用水，於是改賣水賺了一筆。後來賣水的生意又變得極為競爭，之後不經意發現淘金者都跪在地上工作，褲子的膝蓋處很容易磨破，再度發現牛仔褲商機，捨棄賣水的生意，改做牛仔褲的生意。Levi 從別人忽略的細節中找到商機，實現了致富的夢想，而我們從他的成功中，可以看出幾個商機發現力。

① 全觀力

Levi 具有豐富的主觀內心世界，淘金者渡河、口渴、褲子磨破都是全視野的觀察，以多點切入，觀察了解人與世界的互動，對萬事萬物有著獨到的看法，採取適當的態度和行為應對，穩妥地處理各種問題，抓住商機點。

② 反觀力

一般人創業會對自己過分寬容，把創業方向定在自己能力所及的範圍內，以致能達成目標，卻侷限了自己發展的可能性。但 Levi 正好相反，他從多方角度觀察，放棄自己原先經營的事業，轉投向另一個更好的市場，Levi 不會因為生意被搶走而情緒失控，他懂得自我調整情緒，讓自己用另一種態度，在周遭環境中看到新商機，賺到更多的錢。創業者對生

活充滿熱情與信心，遇到不好的事，要換個方法思考，創業的成功機率會提高很多。

原動力

成功的創業者在找尋商機點時，能看出利潤滾出來的原動力，Levi當初便看到口渴的原動力，開發出賣水的商機。一般來說，創業者要明白創業的原動力根本，來自於顧客最深層的原始需求——渴望；善於滿足顧客的渴望、需求的創業者，就能抓住商機。

為你的事業找商機

有些人經常抱怨，為什麼有些人發達致富後，獲得的機會反而越來越多，讓本來就很富有的他們越來越富有，自己卻平平淡淡、毫無成就。我們要知道，他們之所以能一直擁有機會，除了多年經驗外，有一部分的原因是他們始終保持對外界的敏感度，留心觀察時事和身邊的小事，從中發現機會。

既然叫做「商機」，也就是商業活動中存在的機會，如果人人都能發現、取得，像我們呼吸的空氣一樣普遍，那就失去原本的投機價值了，它之所以能稱為「商機」，正是因為它不易獲取，才顯得珍貴；所以，我們要想獲得商機，就要想盡辦法尋找、發現。那我們可以從哪些途徑獲得商機呢？

① 從生活中搜尋商機

　　生活，在我們的印象當中，總有一堆沒完沒了的瑣碎小事，只要不被這些瑣事所煩惱，就很感謝上蒼的厚愛了，根本不期望它能替我們帶來什麼驚喜或前途；但往往就是這些不起眼、容易被人忽略的小事，蘊含著無限的商機。作為新創事業者，要學會從這些小事中去發現商機，比如：做個細心的人，發現生活中的問題和難題；尋找生活中一些潛在商業利益；滿足人們想要卻得不到的需求。

　　中國就有一位何璃春，他發現大學校園內經常停放著大量的無主自行車，不但浪費現有資源，還長期停放佔用空間。他統計發現，這些車輛的數目大約有 1,500 輛，其中 1,180 輛的車況良好，只有一些小問題，簡單維修後就可以再次使用。另外，他還發現每年有 1,600 輛左右的自行車會被回收，只有少部分的畢業生將自行車騎回家或轉讓給他人，但校內實際使用自行車數其實高達三至四萬輛，每學期以 5% 的速度成長，可現有車輛根本不到二萬輛。

　　何璃春發現裡面大有商機可圖，於是設立了「杭州易科聯移自行車科技有限公司」，向畢業生回收車況較好的自行車，修理完之後再賣出，沒想到新學期才開學，他便在短短的時間內，以一台近千元的價格，賣出 1,000 多輛；並設立公司網站，在公司網站提供買賣資訊，每成交一輛收取仲介費 100 元，這樣賣的學生也省事，買的學生也放心。

　　接下來，他們又開始發展租車和修車業務，租車以小時計費，每小時 15 元，也可以選擇包月，每月 600 元；修車的價格也比校外便宜，比如校外補胎 50 元，他們只要 30 元，同學們都樂意來這裡修車，有時候還要排隊。

何璃春他們更開發一套自行車租賃系統，公司從成立之初的三名員工，到現在還增加了一些兼職同學；連其他學校，像是浙江機電職業技術學院和浙江中醫藥大學，也增設了服務站點。

一般同學看到校內那些棄置的自行車，除了踹上一兩腳，發洩一下心中的不滿外，根本沒想到它能帶來什麼經濟效益，但何璃春卻能在不起眼的事物上，發現其中創業商機。常言道：「商機來自於生活，服務於生活。」我們也要善於發現生活中一些不起眼的事物，從中發現創業的商機。

② 從政策中尋找商機

政策的推動，不外乎是要解決人民的需求，每一次的異動，都會根據當前社會的發展狀況為基礎，從而推出最適合人民的政策和法規。而這些政策都會額外包含一些優惠政策來重點推動，我們可以利用這些優惠政策的推動力，來尋找商機，比如：

• 優惠政策

這些政策的推出，可能會有政府財政的補貼、稅率的減免、優先措施……等，比如政府為了鼓勵農業發展，不但減免了農業稅，還發放農業補貼。

• 重點開發區

比如在內湖、南港劃定科技園區，將公司總部遷往園區的企業主，得以獲得租金、研發經費補助或其他優惠條件，吸引業者進駐。

- 重點發展專案

國家重點發展項目往往會帶動下游企業的發展和擴張，比如近年建設高鐵和機場快捷，從而帶動鋼鐵企業和水泥公司的發展。

國家的政策較容易掌握、觀察，一經推出後，市場會迅速做出反應，比如股市，我們可以透過股市的漲跌情況，了解政策著重發展於哪些領域，預見這些產業未來可能出現的需求，從中搜尋商機，啟動自己的創業計畫。

③ 透過媒體網路尋找商機

現今網路蓬勃發展，足不出戶就能了解世界的發展動態，但在面對那麼多的資訊，我們卻很少看到或利用它潛藏的價值，錯過一次又一次的機會。在這些網路和媒體報導的事件背後，往往會存在一條產業鏈，我們要學會觀察是哪條產業鏈出現了問題，發現其中關鍵點，從中尋找商機，比如下列途徑。

- 新聞報導

透過新聞報導獲取商機。和牛早年因為狂牛症議題，被禁止進口近十四年的時間，直到 2017 年底，才逐步開放進口，當時餐廳若能主打和牛料理，便能搶得商機。

- 瀏覽網路

到相關網站或免費電子公告版查看最新資訊，看看哪些東西供需失衡，從而獲取商機。

- 報紙書刊

一般的報紙書刊上會有廣告版面，有些會直接曝光公布招商資訊，但必須自行分析招商資訊及產業，以獲取商機。

有資源我們就不能浪費，任何資訊都有可能成為我們事業的起點，平時看電視新聞或瀏覽網路時，多細心觀察，分析事件發展背後可能隱藏的商機，以利尋找進場機會。

4 諮詢仲介機構或中介者

現在市面上有很多提供創業商機及加盟介紹的仲介機構，他們透過業內互相合作，手中握有大量且能夠使用的資源，能介紹給你的創業項目自然也較多；而他們又再透過創業者的回饋，了解市場的情況，知道哪些行業比較吃香，哪些行業冷淡。所以，創業者也可以詢問他們一些自己想了解的情況，作為自己創業的參考意見。

世界並不缺少美，只是缺少發現美的眼睛；世界也不缺少創業的人，只是缺少善於發現商機並且利用商機的創業者；世界更不缺少商機，只是缺少辨別商機能力的人。因此，創業者要善於捕捉商機，利用以上幾種探尋商機的途徑，為自己的新創事業找一個機會。

3 創業，你準備好了嗎？

　　創業者需要具備專業的知識，主要分為「技能知識」與「經營知識」。技能知識屬專業技術的運用，比如麵包店，需要擁有烘培麵包的技能，還要懂得原料成本的調配及控管等；而經營知識，則包括溝通能力、專業創新能力、財務管理能力、人力資源管理能力、行銷管理能力及風險管理能力。好比，吳寶春獲得世界麵包比賽冠軍後，又再攻讀 EMBA，真是有識之士呀！

　　少部分創業者在創業的過程中，會為了創業，付出非常多的心力去吸收專業知識，而絕大部分創業者會將創業所需的知識過分簡化，認為只要有技能知識就能創業成功，但你知道嗎？技能知識其實只佔專業知識的小部分，創業成功者大多是擁有經營知識。比如專業廚師在餐飲業當員工數年後，決定自己開店做生意，但因為員工管理不善，又不懂得變化菜色，而倒閉；這樣的老闆，即便廚藝再好，也難以維持下去，所以經營相較之下較為重要。

　　也有很多的創業者是因為想轉業或轉行而創業，像電子業有一段時期發展不好，各大公司行號瘋狂裁員，有危機意識的人，大多轉業另謀生路或創業開店。在臺灣，上班族薪水成長幅度不大，國家的經濟成長不如過往，使很多失業者、待業者懷有一個創業夢；雖然創業的原因可以有很多種，但要能將經營知識與技能知識相互結合，才能確實讓事業順利發展，

這才是創業最重要的。

在台灣的創業市場中，經常看到想開麵包店的創業者，滿懷希望地學習麵包烘培，結果發現會做麵包不一定會有生意；生意靠的是口碑，利潤靠的是成本控制，如果你不懂這些經營方面的知識就貿然創業，只會浪費自己的時間跟金錢。再者，餐飲業或咖啡店也一樣，不是店老闆會煮菜或沖咖啡就有生意上門，店老闆還要懂得消費者口味，更要時時精進手藝，研製出更好吃、更好喝的菜色或飲品，生意才能長長久久。

餐飲廚師手藝、製造業專利技術，這些創業技能僅是基本專業知識，創業者要在創業過程中，將所需的專業知識，轉化成消費知識才行。比如，會煎牛排的廚師比比皆是，那為什麼王品牛排就是能賣得比別人貴，而且還有很多人願意去吃呢？這不是因為王品的專業廚師比一般牛排館的廚師更會煎牛排，而是他們懂得根據消費者的喜好，適時地調整菜單、口味、用餐氣氛、服務態度⋯⋯牛排才賣得好、賣得貴；創業知識的養成是以專業技能知識為基底，再漸漸養成經營知識。

舉例來說，創業者從事服飾行業，如果想開一家服飾店，那了解及掌握服飾品味與批貨管道，就屬於創業的專業技能知識，這些基本知識雖然非常重要，但在整個創業過程中，其實只佔了 25％ 的原因，另外 75％ 是店面經營。因為想開一家服飾店，光是開店地點就得花相當多的時間找，商圈分析的知識肯定少不了，若想找到租金便宜又有生意的店面，那更是不容易。

且就算找到店面，還得考慮是以頂讓的形式經營，還是租賃的形式經營；若以租賃的形式經營，在跟房東簽合約的時候，會影響到發票的開立與否、裝修期如何去協調、租賃的期限⋯⋯等，這些都是創業者必須具備

的經營知識。

除此之外，開服飾店的經營知識還包括季節轉換、制訂價格、進貨數及成交率的計算，另外人事及貨品上，人事費用、商品管理、庫存處理……等，也需要從中了解經營上的一些訣竅。有些聰明的創業者，在開店前會先去一些大型服飾店見習，吸收大量的經營知識之後再自行開店。

從服飾店的例子來看，創業者必須相當熟練經營知識，而非只懂得批貨管道這類專業知識而已。創業者的專業技能通常都是在經營知識摸索中，逐步提高，並發展出一套屬於自己的經營風格和專業技能；而經營知識的累積，必須在創業過程中詳細記錄分析，最後才總結、內化為自己的經驗，只有這樣，專業技能才能確實商業化。創業者在吸收經營知識累積管理能力時，可以朝以下幾個方向努力。

❶ 目標導向

開始創業，先訂定小目標，從完成小目標累積經營知識，邁向更高、更遠的目標。有些創業者一開始就訂定一年賺好幾億的目標，但這間店可能連賺個幾萬元都有問題，怎麼可能賺好幾億呢？唯有確定各階段的小目標，才能慢慢累積人事管理經驗，在激烈的市場競爭中取得優勢。

❷ 品質導向

經營知識的累積，通常是在提高品質的過程中慢慢取得改善，比如餐飲店會請顧客填寫問卷表分享改進建議，從客戶的回饋中提升品質，學會效益管理，讓事業得以延續。

品質的提升能有效改善人事、物資、資金、場地……等，不閒置人

員、資金、設備場地、原料,使營運更順遂;而提高經營品質的過程中,在市場方面,創業者必須具備市場預測與調查、消費心理、定價、產品行銷等經營知識,貨品方面則須具備批發、零售知識、貨物品質數量統計知識、貨物運輸知識、貨物保存知識、驗貨知識。

③ 人事和諧

有些創業者具備很強的專業知識,財務管理知識也相當豐富,能經營出很好的成績,但最後卻總因為爆發股東糾紛而關店收場,其失敗的原因是什麼?原因在於彼此的權利義務沒有規範清楚,該給的錢沒給,該收的錢沒收回來,使得內部因利潤分配不均而積怨過深,導致怨恨者挾怨報復。

④ 財務知識

過去,有很多在業界小有名氣的設計師、藝人開店,挾其知名度開店風風光光,但最後也大多因為財務管理不善或財務糾紛而草草收場;可見創業光懷抱美夢而不懂理財,通常只會白忙一場。創業所具備的理財經營知識包括資金籌措知識、資金核算及記帳知識、財務會計基本知識,只要這三種知識有任何不足,就無法有效開源節流。

在創業過程中除了主要收入外,還要掌握好資金預算觀念,資金的進出和周轉,每筆資金的來源和支出都要記帳,務必做到有帳可查,掌控好預算,不浪費資金。創業者每投入一筆資金,都要進行回收驗證,保證確實運用每一筆資金,使資金增值、發揮效益。

　　但大部分的創業者都會有一種迷思，認為只要了解某一產業的技術，就能成功經營該技術工作的企業，其實不是這樣的，我在很小的時候就懂得這個道理了，跟各位分享我的真實故事。

　　我的父親是跟著蔣介石來台的軍人，一般來說，軍人的經濟狀況是可以維持生計的，但因為他牽涉到一樁白色恐怖事件，被判刑入獄十年，其實這算是輕微的判決，嚴重者可是會被執行槍決的；雖說十年，可我爸實際只被關了八年。所以在那八年的時間，我媽媽帶著我和弟弟住在新莊一棟公寓的樓梯下面，經濟狀況不大好，我們每天都要到田裡抓泥鰍、挖番薯。泥鰍是我們家主要的蛋白質來源，挖番薯則是澱粉來源，過著非常、非常貧苦的日子，還記得念小學時，晚上還要到夜市擺攤賣襪子賺錢。

　　我爸爸被放出來之後，找到一個在工廠管錢的工作，在那工作好幾年，存了一筆錢後，他就自己創業開餐廳，一直到我唸大學、出國唸書，家裡的經濟狀況才漸漸好轉。我爸爸的餐廳當時開在台北東區，不懂廚藝的他，還擊敗了周圍其他的餐廳，做出不凡的成績；一般能當廚師的人即代表他很會做菜，但連那些廚師自己開的餐館也被我父親擊敗。

　　為什麼？因為我父親是會計出身，對數字很敏感，當初在工廠也是擔任財會人員，所以即便他完全不會做菜，也不礙事，因為他有相當強的財務概念，而且他還特地去學管理知識，餐廳賺了不少錢，擊敗周圍的競爭對手。

　　麵包達人吳寶春也是如此，他自己開了麵包店以後，發現自己的經營管理知識十分不足，才驚覺到一個關鍵問題，那就是技職學校的老師唸了很多書，卻不會做麵包；反之，很多過了四十歲的麵包師傅卻容易失業，因為缺乏管理知識，無法長久經營下去。因而讓吳寶春萌生讀 EMBA 的

念頭，但台灣沒有一間大學接受他的申請，因為他的學歷只有國中畢業，無奈之下，他轉向伸手歡迎的新加坡國立大學，開始打造自己的品牌、邁向全世界。

這就是我所謂的創業者迷思，以為會做麵包就可以開麵包店，會做菜就可以開餐廳，覺得有什麼專業技術就可以創業，因而成為創業失敗的原因。但只要扣除掉這些失敗原因，那創業失敗的機率就降低很多，成功的機率至少超過一半，換言之，你要具有領導力、管理能力，並懂得商業模式，才能順利創業。因此，那些木工、水電工、清潔工能成為承包商，這就是所謂的「彼得原理」，只要你的工作表現得很好，職位就可以一直往上升，升到不能勝任後停止晉升了，但能力卻不相符。

美軍很早就看出這點，即便士兵在戰場上表現得很好，殺敵無數，最多也只能升到士官長，以古典武俠小說裡的人物來比喻，士官長就是武藝非常高強的人，那怎樣的人才能當軍官呢？答案是知識分子，有受過教育、有學習過的人，才能當軍官。也就是說，一個小兵殺敵無數，升官最多只能升到士官長；士官長的薪資雖然可以很高，但在階級上就不是軍官，要受過訓練的知識分子才能當軍官，這跟創業有著異曲同工之妙。

許多小兵殺敵無數，便以為他可以當軍官，指揮軍隊、創業，事實上，錯了！士官長雖然可以打仗，但靠得是在後面運籌帷幄的人，也就是指揮軍隊的軍官，他們才是真正可以創業的人。

像我國軍中單位依照不同的工作任務，分為參一、參二、參三、參四、政一、政二、政三、政四、政五等，他們專責的事務分別是：參一：人事、行政；參二：情報；參三：作戰與訓練；參四：後勤補給；政一：組織；政二：文宣；政三：監察；政四：保防；政五：福利。

　　我當兵時，是嘉義軍的政二科少尉政戰官，整個隊裡只有我是少尉，其他都是中校或上校等級。平時，我負責文書工作，但因為文書工作很少，於是又被派去做助割的工作，嘉義那邊剛好是嘉南平原，所以我要帶兵去幫農民割稻。我們在大太陽底下，拿著皮尺測量割稻面積，然後再呈報給長官，結果長官一看愣住了，看著我說：「面積怎麼這麼小！這要如何跟別的單位較量呢！你一定是算錯了。再重新去測量。」我那時還覺得自己很無辜，想說測出來的數字就是這樣啊，怎麼會算錯，但後來我想通了，並不需要重新測量，把數字改一改就行了，而且我寫的數字越多，長官們越高興，助割的面積越寫越大。最後，所有部隊助割的面積全部加總起來，居然比全島的面積還大……當然這是很多年以前的事情了，當作笑話聽聽就好。

　　我要講的是方方面面都要做好分析。如果我是將軍，左右兩邊各是分為參一、參二、參三、參四，以及政一、政二、政三、政四、政五，當將軍要下決策時，就要進行多方面的研究，此時參二的情報、參三作戰、參四後勤補……等等的研究、分析就非常重要了。

　　我有一個小我不到二歲的弟弟，他也是位創業家，可是他創立的事業都好景不常，我父親總會拿我和他比較，因為我父親也當過老闆，所以經常以前輩之姿訓斥弟弟，說：「你只要跟哥哥學好三件事：學好管理、學好財務、學好法律知識，再去創業。」所以，創業絕對不是你是廚師，就可以開餐廳的事情，你還要懂得管理、財務、法律知識及稅務知識，不然你有極大的可能失敗！

庄腳囝仔的百億傳奇

有人善於研究學問，有人喜愛追尋夢想，也有很多的人會選擇一事無成。台灣就有位農村窮小子，由於敢夢想，敢行動，大膽前進中國創業，進而成為中國防曬乳大王，用二十五年的時間賺了超過百億元，他就是——莊文陽。

「只因他不甘於平凡，雖在困苦的農村中成長，仍立志拼出一片天。」

莊文陽一家以農耕為生，一家八口全靠父親用汗水灌溉的稻米過日子，母親則養了幾隻雞，稍微貼補家用。雖然家裡養雞，但莊文陽小時候卻很少嚐到鮮美的雞肉，因為雞是要賣給雞販的，他小時看著雞販到家中收購母親辛苦飼養的雞，便在心中發誓，告訴自己：「我也要成為手握大把鈔票的有錢人！」

一心想要創業的莊文陽，1993 年，和幾位朋友一同到江蘇創業，從事藥品及化妝品的原物料生意，可惜發展的並不順利。但就在回台前夕，莊文陽不經意發現當地藥局有一款名為「面容一洗白」的洗面乳賣得不錯，商業嗅覺靈敏的他，認為這是個有前景的產品。

於是，莊文陽在中國成立公司，和中國企業合資銷售「面容一洗白」，但礙於對方是國營事業，制度僵化，致使他的提案常被否決、刁難，因而決定退股，分道揚鑣。

雖然再次失利，但莊文陽也因而認識到中國藥科大學教授丁家宜。當時，中國市面上所有具有美白功能的洗面乳，都標榜使用丁家宜所研製的配方，可市面上幾乎是「山寨品」；因此，莊文陽抓住機會，親自拜訪丁家宜，決定另組公司，一同合作生產美白洗面乳。「只要有六成的把握，我就衝了。」莊文陽說，一位頻頻回頭的人是出不了遠門的，他在中國雖已失敗兩次，但仍敢於賭上全部身家冒險一搏。

莊文陽在創業路上，之所以能化險為夷，除了他的堅忍及智慧外，底下的員工更是功不可沒，他不像大多數台商重用台幹，從創業初期就聘用中國人，「其實不是我特意如此，而是當初根本請不起台灣人，所以就先用中國人了！」他坦白說。

所有重要職位幾乎全由中國人擔任，連財務等這項重責大任也都交給當地人，後來即使有擴編員工，台灣人的管理階層數量仍不到總員工數的1/10，公司在地化程度之高，連國台辦都不知道這是間台資企業。

莊文陽坦言，儘管「丁家宜」在消費者心中已是知名品牌，但僅限於大城市，四線城市與鄉鎮仍無法鞏固，所以那些尚未建立起品牌忠誠的消費者，是他積極接觸的對象。莊文陽想：「中國有四萬個鄉鎮，我們選一萬個來經營，若每個鄉鎮每月業績 1,000 元人民幣，一年就有 1.2 億元。」但才剛構想，隨即遇到挑戰：基層主管缺乏執行意願，且品牌漸漸老化。

所以，莊文陽再度跳上第一線領軍，用盡各種方法讓員工走出舒適圈，進行二度創業，他明白要讓老化品牌年輕化並非不可能，但未必能成功，只好作出決定，替自己的企業尋找合適的購併者。

「在永續經營企業和全身而退之間，我選擇全身而退！」莊文陽說，儘

管感傷，他也不後悔，並認為：「賣出的時間點是最好時機。」展望未來，這位品牌天王仍把焦點投向內需通路事業，而他如何再創財富傳奇，值得期待。

＊＊參考來源／今周刊810期

3
SLASH

只要用對方法，
有創意就能創業

追求你有熱忱的事讓你這個人更有趣，
而有趣的人具有魅力。

Pursuing your passions makes you more interesting,
and interesting people are enchanting.

1 如何從創意到創業？

　　想成為一名創業者，就必須要有獨特的創業思維，如果創業點不符合現代經濟市場的要求，不考慮用戶需求，那這個創業構想基本上是失敗的；一個好的創業點子，會深刻的影響創業者的成長和發展。根據世界一項針對全球兩百位創業家所做的研究發現，創業的好點子來自於改良型、趨勢、撞擊、研究，不同類型的創業點子，都有著不同的創業流程。

❶ 改良型創意

　　創業者針對現有市場上已存在的產品或服務，進行重新設計或改良，比如三星針對蘋果已有的手機功能改良，內化為自己的研發技術；王品餐飲集團針對市面上成功的餐飲服務模式，改良成王品集團文化的服務模式。一般來說，從市場上成功的產品行銷經營模式加以重新改良，比創造一個全新的商業模式，更容易贏得消費者青睞，在執行風險上相對小很多。許多成功的創業型態，一部分來自於過去的經驗，例如 HTC 計畫推出一款新手機，根據 Android 系統過去的應用經驗，改良出另一款式的產品服務。HTC 對 Android 原生系統的修改，類似亞馬遜（Amazon）對 Kindle Fire 對 Android 操作系統的更動，讓改良版的 Android 系統支援更多傳統智慧手機應用，且 HTC 手機的行銷策略主打低價市場，深得大眾的心；又比如 85℃ 咖啡，它結合咖啡與烘焙的複合式平價經營模

式，開創了新市場。

因此，創業者若能採取深耕策略，聚焦於滿足原有市場顧客群的需求，發掘現有產品、服務新的需求缺口，配合生活型態需求改良現有服務模式，便能擴大既有市場。

2 趨勢型創意

依照新趨勢所衍生出的創業點子，發現大量上、下游相關軟硬體產品與服務的創業機會，例如 LINE 隨著手機系統應用的普及，推出各種貼圖服務，又好比日本 Lawson 便利超商，根據熟齡族群增多的趨勢，推出新型店舖「Lawson Plus」，提供新的產品與服務，以滿足這類此族群的需求為主。

像連鎖家具業 IKEA 也會固定釋出低價優惠，以滿足現有的客群，開展新的服務，這類服務著重於顧客互動，以新的互動模式開放客戶的新需求。另外，台中也有間紙箱王主題餐廳，著重於現代人用餐喜歡新體驗的趨勢，結合紙的創意作品，創造獨樹一格的餐飲品牌。

在面對餐飲的平價趨勢，創業者也可以反向思考，根據現代的生活趨勢創造新的需求，例如餐飲業者結合台北藝術大學設置餐廳，結合當地人文，創造懷舊異國情調餐廳，而誘發新型態需求。這些業者而言，除跨領域整合外，亦可透過建立次品牌，區隔不同的顧客調性與訴求。

3 撞擊型創意

創業者突然被某些事情刺激、震撼，因而產生一連串的創業點子。這類型的創業者，平時生活對環境的觀察力相當敏銳，能根據周邊環境的變

化，隨時做出商業判斷，轉化成商機，比如說美國牛仔褲品牌 Levi's 創辦人以舊金山淘金熱這個現象，撞擊出以堅固耐用的帆布製成褲子的構想，用帆布料製作牛仔褲，找到新商機。

另舉一個例子，中國青島有位大三男孩以賣消費卡創業，這名男孩和同學三個人各出資一萬元人民幣，在 2007 年 1 月成立公司專賣消費卡。這張消費卡可以在山東青島不同的商店享受到會員待遇，他的公司營業額 2007 至 2008 年間就已經近百萬元人民幣，淨賺 30 萬人民幣。

而這男孩的創業構想，是無意間迸發出的靈感，他逛街時發現每間商家幾乎都有會員卡，消費時可憑卡享有打折優惠，看到不少人有用卡消費的習慣，他突然靈光一閃，想到如果只用一張消費卡，就能代替所有商家會員卡，享受上千家商家的折扣服務，反而能招攬到更多的客戶；這看起來沒有什麼專業技術的創意，讓這名大三學生靠著這個點子賺到他的第一桶金。

4 研究型創意

這類型創業，以專業技術研究為主，透過系統研究，發現創業機會。有家電源供應器工廠，就針對 Wi-Fi 無線系統，研發出 Wi-Fi 無線旅行路由器及充電器，擁有這項專利的新產品，整合轉換插頭、充電器、USB 及 Wi-Fi 分享的多功能，便於多國旅行者使用，推出後頗受市場青睞，經過一年推廣期，已有美國、荷蘭、日本等國的客戶陸續下訂單，在市場熱銷；他們還將 Wi-Fi 無線系統硬體設備的核心技術向外延伸，在現今發展快速的汽車電裝市場，推出「智慧型汽車電池充電器」、「車用直流轉交流電升壓充電器」等系列產品。這間以研究創意為主的公司，用

單一 Wi-Fi 無線系統硬體設備，拓展不同的產品系列，在市場中佔有一席之地。

那到底該如何尋找創業的點子呢？

❶ 透過組合性思維發現點子

在閒暇時間，試著將兩種或多種不同的產品結合起來，想像它們會變成什麼樣子，能否帶來什麼效益。暢銷作家史蒂芬‧金（Stephen King）表示：「這樣可以碰撞出很多創意來，但你要有心理準備，因為大多可能都是不好的點子。」雖然有可能想出一些可怕的點子，但也有機會想出奇妙的好點子來。

❷ 從問題中發現點子

創業者善於發現身邊的問題，看看這些問題是否普遍存在、是否已有解決方法。矽谷創業教父保羅‧格雷厄姆（Paul Graham）說過：「創業者需要去發現身邊的問題，而不是憑空想像。」讓你頭疼的問題說不定就是潛藏的商機。

❸ 從市場空白處找點子

你的創業點子如果無法成功顛覆原有的產品，那你就分析市場上那些產業巨頭在做什麼，有什麼是他們忽略、又恰好沒有其他企業重視的，再以這個被他們忽略的空白市場作為切入點。

史蒂芬‧金在 2003 年創立 Hot Picks 公司時說：「在吉他的撥片

產業中，他發現市場上沒有可以用來收藏的新奇撥片，且市面上的幾大品牌公司正好還沒切入這個領域。」於是他便設計了一種頭骨形狀的撥片，填補了這一空白市場，之後成功在一千家店中販售，包括沃爾瑪（Walmart）及 7-11 便利商店。

④ 在超前的認識中思考點子

很多成功的商業點子總是超前的，當一個新興產業出現之際，必然會出現更朝換代的潮流，造就一個巨大的市場，但在擁有超前意識的同時，還要耐得住寂寞，具有超乎常人的毅力才能成功。

1994 年 7 月，張學科得到第一筆投資資金後，創立了美國通用無線通信有限公司。美通公司創立之初，網際網路如在弦之箭，蓄勢待發，這時張學科想：「網際網路未來的發展會是什麼？勢必是能將網際網路放到掌上，隨時隨地上網。發展趨勢告訴我們：電腦可以小到掌上使用，無線通信可以便宜到人人用得起，網路上載海量資訊，而這三者的結合即是無線網路——這就是我這十幾年來吃飯、睡覺，不管什麼時候都在想的事情。」張學科說。

身為超前的創業者，張學科什麼都得自己做，自己設計晶片，開發軟體，所有事情都是白手起家，從零開始。終於在 1999 年，從七家風險投資公司得到 3,000 萬美元的融資。同年，上海國脈公司用美通技術實現了「掌上炒股」，年交易額超過 20 億元人民幣。年底，美通公司順利開通無線網路，將移動通訊、網路內容服務及無線連接結合到一起。

⑤ 從價格與價值上思考點子

如果市場上有熱銷產品，但因為高昂的價格，只能服務於那些有錢人，那這就是一個巨大的潛在市場，俗話說：「人往高處走，水往低處流。」不管是窮人還是富人，每個人都想在自己能力承受範圍內享受到更好的服務，如果能讓一個專屬於富人的東西平民化，勢必會得到大眾的注意。

在美國，配一副眼鏡的價格至少要 300 美元以上，因而被大型的連鎖眼鏡店壟斷，但高昂的價格使消費者有苦不能言。這時，瓦爾比派克眼鏡公司抓住這個機會，不再依循傳統店家的供貨管道，改用網路銷售的方式，以低廉的價格成功擊破被壟斷的市場。自 2011 年成立以來，以每副 95 美元的價格深得人心，廣受美國消費者喜愛。

瓦爾比派克眼鏡公司替消費者省了一筆錢：在眼鏡店配眼鏡，一副優質眼鏡要價 600 美元以上，其中鏡架收費 395 美元，聚碳酸酯鏡片收費 140 美元，防眩光處理收費 75 美元。這其中 60％ 以上的利潤被連鎖眼鏡店賺去，20％ 的利潤由鏡片公司賺去，其他由眼鏡製造商賺去；而瓦爾比派克眼鏡公司除了成本費用外，只賺取少量加工費用。

所以，創業者在創業的時候，就要意識到，一個好的創業點子，應當是來自於消費者的需求，最好的點子往往源自於創業者的長期觀察與生活體驗，創業的構想要在創業者心中經過反覆鑽研與思考，待時機成熟後，才能成為真正的創業機會，為創業者造就財富。

好點子經得起考驗嗎？

光有好點子還不夠，點子是否禁得起考驗才是重點。一個創業點子在構思階段，會因為認為具有潛力，而進一步開發，但在點子萌芽的階段，還要進一步測試才行，怎麼說呢？

例如前面提到大三學生賣消費卡的案例，起初為了測試這個點子的可行性，他先找了一間 KTV 測試商家的接受度，而 KTV 經理接受這個新鮮點子，答應成為消費卡聯盟的一員。此後，他不斷尋找新的合作商家對接，公司成立半年就有一百多家結盟夥伴，可見這個點子，是被人們所接受的。

賣消費卡的人找店家洽談，可以看出消費卡販賣的情況與接受度，也可以透過與用戶及消費者，思考出新的消費卡使用模式，藉由他們的陳述及回饋，對現有消費卡的功能進行對比；透過對消費者的反應，可以得知市場為何接受消費卡，又可能因為哪種狀況而排斥不使用消費卡，藉著商家與消費者的交叉分析，把這些特性加以改良，讓產品能提供更好的服務。

對於消費卡概念與主要競爭對手的消費卡概念，分別評估它們的特質、價格和促銷方式，確定消費卡的主要消費區域後，研發消費卡的新功能、新服務，進而開發出更符合市場的產品；如果不能有更符合需求的消費卡，讓商家與消費者接受，那不如放棄消費卡的概念，轉而研發更有附加價值的電子錢包。像淘寶網的支付寶及餘額寶，這類新消費觀念，就是將消費卡這個眾多商家優惠的聯盟觀念，轉而形成電子錢包，讓消費者購買商品之餘，有存錢升值的服務。但在形成創業新點子前，還需透過幾個

問題來確定。

- 問題一：相較於競爭對手，品質信賴度能否讓市場接受？
- 問題二：有比市場上現有的產品、服務還好嗎？
- 問題三：對創業者而言，是一個好機會嗎？
- 問題四：銷售策略和通路有任何發展點嗎？

這四個問題，必須透過定義（Define）、測量（Measure）、分析（Analyze）、改進（Improve）、控制（Control）這五個步驟，分析出創意點子的可用性。

新構想的執行過程中，從創建到確定流程與規範進行評估，採取措施來消除差距，最後判斷創業點子的績效與目標是否一致，若存有偏差，則重新 DMAIC 循環，透過這樣不斷的循環，實現最終的創業目標。在 DMAIC 執行的過程中，要以顧客滿意為導向，每位員工都盡心盡力地工作，以提高顧客的滿意度。

若以消費卡這個案例來說，顧客便是用卡者，團隊成員是公司合夥人與店家，藉由 DMAIC 循環不斷的改進，創業點子就能在低成本和高效中完成創業任務。

2 創意商品化 vs. 商品創意化

　　創意，是與眾不同的想法或發明，是打破常規、創造一種全新的未來，但也始終離不開人們的生活，這就是為什麼會有那麼多創意產品失敗，因為它脫離了大眾的需求。如果創業者有一個好的創意想法或產品，並能滿足消費者的需求，那它在市場上佔有絕對的優勢，因為其他的競爭對手還不具備與之對抗的基礎，但只要你的創意受到人們的追捧，就會有其他人緊隨其後推出同類的產品。

　　所以創業者若想一直保持好自己的創業優勢，就要不斷創新來吸引消費者。創新，是人們為了滿足自身需求，在原有基礎上進行有效的改善，運用已創造出來的東西再次革新，但原來的觀念依然存在，只是讓它變得更加實用；創新，是在創意本身基礎之上進行的。

　　創業者在創新時，也要理清方向，否則你大費周章改良出來的東西可能無人問津，不被消費者所接受，從而浪費創業資本；創業者應當結合自身的情況和市場消費的特點，制定創新方案，並不斷完善自己的創新專案，以便成功改良、創新。像你知道 QQ 是如何打敗 ICQ 的嗎？

　　1996 年，ICQ 誕生，在短時間內便風靡全球，更在 1998 年壟斷中國的即時通訊市場。同年，美國最大的網路服務集團 AOL 公司收購了 ICQ。

　　1999 年 QQ 誕生，當時只有兩個員工，即是創辦人馬化騰和張志

東，第一代 QQ 雖然粗糙，但中文介面讓 QQ 甫推出便獲得中國網友的青睞，即便市場上已有許多同類型的通訊軟體：PICQ、TICQ、GICQ、新浪尋呼、雅虎即時通……等，但 QQ 仍憑藉著一系列的創新技術，迅速打敗其他同類產品，原因為何？

首先，ICQ 的資訊儲存於用戶端，只要更換裝置登錄，先前添加的好友就不見了，但 QQ 將用戶資料存於雲端，不管在哪個裝置登錄，好友資料都不會消失。其次，ICQ 必須在好友上線時才能聊天，而 QQ 支援離線訊息的功能，且還有隱身登錄功能，可以避免跟線上的人強迫互動，個人大頭貼也十分個性化。再者，ICQ 是透過替企業定制的即時通訊軟體獲利，但 QQ 是在提供消費者免費服務的基礎上，尋求商業化機會，市場的可能性較大。而 QQ 之所以能獲得成功，就是因為它在 ICQ 這個好的創意基礎上，加以改良、創新，順利研發出一套新的軟體，滿足用戶的需求。

但就算是好的創意，也不可能永遠替你帶來成功，所以我們要在好的創意基礎上不斷地創新。台灣每年創意發明多如牛毛，可是真正能商品化，獲取利潤的創意卻屈指可數，且就算將創意商品化，成功取得利潤，也不代表創業成功，你可能隨時會被競爭對手的技術超前，導致事業體無法繼續生存下去。

曾經叱吒風雲的手機霸主 Nokia 即是一個血淋淋的例子。Nokia 曾蟬連全球手機霸主長達十四年，在巔峰時期，出口值占芬蘭總出口的25％，全球人手一支 Nokia 手機的榮景，猶如今天的蘋果、三星。但 Nokia 卻因商業策略判斷錯誤，對智慧型手機的布局太晚，節節敗退，只好拱手讓出手機霸主的地位。

Nokia 犯了兩個致命錯誤，分別是錯估手機發展為觸控操作的趨勢，及堅持使用自家開發的軟體系統 Symbia，導致其市占率大幅萎縮，因而在 2013 年 9 月 3 日宣布，以 54.4 億歐元，出售給微軟公司。

從 Nokia 例子可以看出，一個企業即便創業有成，但如果不能找到好點子繼續創新，開創另一局面，事業體仍無法永續生存。從創意→創新→創業，這一循環來看，Nokia 成功創業後，便固守在傳統手機領域，毫無新意，以至於無法跟上時代趨勢，導致事業體永續循環的終結，黯然退出市場。

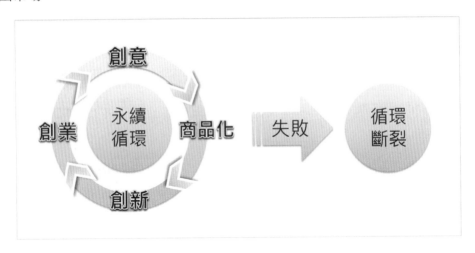

事業體永續循環圖

創意，不一定以創業為目的，從事業體永續循環圖來看，創業雖然以創意為出發點，但一個事業體若創意能量消失，無法將創意商品化，事業體創造新事業的循環必然斷裂，創意商品化階段無法進入創新階段，風險相當大，失敗率至少超過九成以上。

所以創新要成功，必須懂得挖掘商機；而商機能被挖掘出來，始於發

現市場消費者脈動。蘋果與三星比 Nokia 更早發現手機的機會，早一步切入智慧型手機市場，市場商機永遠對先發現、先切入的人最有利，就像哥倫布「發現」美洲新大陸一樣，哥倫布並非憑空想像機會，而是實際航海發現機會，市場商機也是如此；成功的創業者，永遠會在市場努力找尋新大陸，開拓新市場。而挖掘商機可從以下三個方向來思考：

① 消費者想用的資源在哪裡？

創新不一定要涉及專利技術，而是要先挖掘消費者想利用的資源在哪裡，以手機產業、網路通訊、手機電腦化，這都是消費者想利用的資源，但誰能用最快、最便宜的方式，讓消費者取得網路通訊、手機電腦化這兩項資源，誰就先搶佔市場。

創新是創造消費者想用的資源，但這種資源多數屬「簡便資源」。當手機業者發現消費者有通訊的需求，手機業者就會利用廣告刺激消費者，運用分期付款「0 元手機」的行銷策略，使顧客產生購買行為，再以品牌形象（蘋果、三星……）來綁住顧客的忠誠度。這些「0 元手機」、「品牌形象」都是消費者想用的資源。

② 消費者的資源滿足點在哪裡？

雖說網路通訊、手機電腦化、0 元手機、品牌形象都是消費者想用的資源，但想用不代表可以滿足消費者的需求，創業者在創意商品化的創新過程中，必須找出消費者的資源滿足點在哪裡？從該點中發現新的機會，比如手機消費者的資源滿足點，創業者利用模仿、調整、推廣、改造等手段，來改變網路通訊、手機電腦化這些資源的使用型態，以滿足消費者的

需求。

③ 資源改變的趨勢在哪裡？

　　有人認為創新就是不斷創造新的事物，投入市場嘗試新的改變，但這種為了創新而創新的改變，對整個事業體並沒有太大的助益，因為如果沒有發現資源改變的趨勢在哪？即使創造出萬種專利，也無益於事業體成長。Nokia 的創新專利跟蘋果與三星相比不遑多讓，但 Nokia 最後走向被收購的命運，而蘋果與三星得以繼續壯大，差別只在於蘋果與三星的專利發明，以消費者使用資源改變的趨勢為基準點，創新手持行動裝置事業；Nokia 只在意自己打下的江山，忽略消費者使用手機的趨勢已然改變的事實，智慧型手機在市場已被證明是有價值的產品。在這改變的趨勢中，蘋果與三星順勢促成改變，Nokia 卻逆勢操作，因而失去市場。

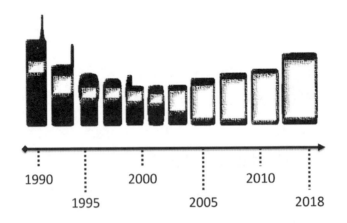

　　無論如何，創新、創意、創業所形成的事業體永續循環，都脫離不了「商品化」這個過程，創業者在創業過程中必須將創意商品化、商品創意化，在市場找出商品的核心價值。

如何將你的事業創意化且商品化？

有創意不一定有「生意」，唯有將創意商品化，才得以從市場獲取利潤，創意商品化是指創意成果轉化為商品的過程，創業者利用創意成果收取相對報酬的交易活動。

創意商品化的過程首重「概念」，概念反映了觀念上的創新，舉例來說，有一間知名設計公司「水越設計」，他們以獨特的故事概念推出工具書，改良式線裝書背、漆黑光亮到可當鏡子的封面設計、年曆、筆記本、美食記事本。

這些產品都以一個新概念出發——創意成果，將創意成果商品化。以水越設計的 BenBen 手記本來說，BenBen 是名個性偏執、思想黑暗的人物，以他為主題概念，發展為限量商品，一推出即銷售一空，廣受消費者歡迎。

當初這家設計公司以埃及為主題概念，製作出包含紙張裁切、影像計算、字體形式等設計工具在內的筆記書，沒想到一推出即受消費者青睞，變成公司招牌產品。在創意成果商品化的過程中，他們將商品定位在專為設計師製作的工具書，風格獨特、價位高且限量，銷售通路也僅在美術館與特定書店，擺明不賣一般消費者，抓住品味獨具的創意人市場。

隨著知名度大開，這間設計公司推出的限量商品，都能在短短一個月內售完，而且不會再生產同一批產品，負責人表示設計公司不做重複的事，他們在創意「商品化」的過程中，將商品定位在「價值長存」這個概念，以推動獨特的創意設計。

創意商品化雖說就是將自己的創意轉化為商品，但創業者該如何將自

己的創意商品化？什麼樣的創意才具備商品化的潛質？具備商品化的潛質，又應該透過哪種途徑？最後又如何讓創意成為自己的創業項目，為自己創造財富呢？

❶ 商品化條件

創意成果，只有滿足社會需求才擁有價值，在滿足需求的同時，還要能用來交換，才能成為商品，具備市場價值。一個創意如果無法替消費者帶來需求，就不具備商業價值，不能用來交換，而要想將創意最終成為商品為消費者所用，必須具備以下幾點條件。

• 創意成果的有用性

如果要將創意成果轉化為生產力，那它就要能被廣泛地應用於各領域，且它的利用價值要高於創意本身的價值，這樣才能產生經濟效應，為創業帶來收益。

• 創意成果的專利性

創意的所有權應該掌握在個人手裡，而不是人人都能享有，如果其他人想擁有，必須經過專利持有人的同意，或支付相應的專利使用費。

• 創意成果的可交易性

創意成果必須能用來交換，不管是透過口述還是文字，或是實體的產品，都一定要能轉嫁到需求者手裡。

❷ 商品化途徑

每個人都有自己的想法，不同的人處理創意成果的方式也不一樣。像

有些人只喜歡搞研究、研發新的東西，不喜歡經營自己的創意成果，可有些人一旦發現自己有好的創意，就會想自己經營並把它發揮到極致。所以，針對不同人群的不同想法，商品化的途徑又分以下幾點。

- 創意出售

創意者若有好的創意但又不願自己經營，可以選擇出售自己的創意，以獲得專利費，這樣既不會浪費創意成果，自己也能從中受益。

- 吸引創投

有了好的創意，並想自己創業經營，卻苦於沒有資金，那你可以考慮尋求創投，和投資者形成互利共贏的合作關係。但因為投資者會希望你這個創意專案，能為他帶來廣大的收益，所以，若需要做一些比較重要的決策時，投資者會要求參與，並加以干涉。

在大多數的情況下，投資者會提供創業者相當有建設性的建議，畢竟他們有豐富的投資經驗，知道哪些決策可行、哪些不可行，但不排除會有投資人不懂又瞎添亂的情形發生，所以在尋求投資者時，一定要和投資人協商好，以免造成不必要的麻煩。

- 自己創業

如果有好的創意又不想被人干涉，且手頭有足夠的資本營運這個項目，那你便可以選擇自行創業，但這個風險最大，如果經營不好，不但浪費了自己的創意，資金也有可能全都泡湯；但同樣地，如果營運成功，帶來的回報、收益會非常可觀。

中國重慶就有一位創業者陳富雲，他原先在服裝業工作，常聽到同行

抱怨：「這季的樣式、型號沒選好，庫存太多了，根本沒賺到什麼錢。」也常聽到朋友訴苦說：「逛了半天，都沒選到喜歡的衣服。」陳富雲透過調查發現，全球前百強服裝企業沒有一家沒積壓庫存，像賣衣服這種產業「以產定銷」，傳統的經營模式下的囤貨，成為無法避免的弊病，於是，陳富雲想到「模擬試衣」的智慧互聯化行銷模式，來解決大量庫存。

所謂智慧互聯化服裝行銷模式，就是客戶到試衣店後，自己站到智慧型終端機上，兩秒鐘後即可完成對人體 4,800 個座標的點對點測量；提取體型資料後，在電腦的資料庫中，自由創意組合，設計、選擇、修改服裝的衣料、版型、顏色和款式，讓客戶選到滿意的衣服為止。

與傳統的服裝店相比，「模擬試衣」可做到衣服款式無設限，消費者可隨心所欲地組合、修改和設計，款式因人而異、量身訂做。在下單前，客戶可從寬六公尺、高三公尺的高解析模擬顯影系統中，將設計的成果和試穿的效果像照鏡子般顯影出來，下單後，加工廠便按照需求進行生產，每一件都不會「撞衫」，更不會有成堆的衣服擺在倉庫中。

這個銷售模式，讓陳富雲獲得英國一家創投公司 2,000 萬英鎊的投資，可見，只有實現創意商品化，與社會生產結合起來才有實際意義，商品化也是創意成果轉化為現實生產力的必經之路。將創意商品化從消費者角度思考，讓它在整個社會上得到廣泛應用，才能締造價值，促使人類的共同進步。

至於商品創意化，如今的創業項目，除了能為消費者帶來實用外，大部分的原因在於，人們開始注重產品的設計和創意，一些商品創意所含的價值，甚至遠高於商品本身的使用價值。經濟學教授凱夫斯（Caves）在《創意產業經濟學》書中指出一個現象，創意性產品的特性、基調、風

格獨立於購買者對產品品質評估之外，當存在橫向區別的產品，以同樣的價格出售時，人們的偏愛程度是不同的。主要就是因為創意決定產品差異性，以創意設計重新改造既有商品型態，再造另一種獨特的交換價值，也就是附加價值，遠超過產品實際使用的貢獻。所以，創意者要在創意商品的本質上發掘滿意和快樂。

像「台灣水色工作坊」這家專賣手工包的事業體來說，公司原有的商品型態為「客家花布」，但客家花布的產品有太多人做，且產品都大同小異、了無新意。如何將既有的客家花布，重新改造商品，讓商品創意化形成獨特的交換價值，獲得消費者青睞成為一大創新重點。

台灣水色靚布工作坊新一代繼承人，想到將「名牌包」這個創意概念融入客家花布之中，形成獨特的客家花布品牌，吸引消費者購買，不料反應熱烈。且新一代繼承人接手後，和社區媽媽合作裁縫布包，專賣手工包，前總統夫人周美青走訪時，買了一個靛藍色側背包，從此打開知名度，並在誠品新竹店設櫃，還有不少包款紅到中國大陸。

台灣水色靚布工作坊老負責人只懂得用四十年的骨董級縫紉機，縫製客家花布產品，缺乏設計概念；而學過設計的新一代繼承人，用自己的風格來開發側背包、後背包、手提包等新產品。這些原本過時的包包，經新繼承人細心畫好設計圖、定好尺寸，打版剪裁，使原本色彩單調樣式呆板的客家花布產品，被賦予新的生命，創造獨特的交換價值。工作坊新生代的設計，搭配老一輩精湛的縫紉手藝，讓工作坊的包款不僅造型討喜、耐用，更兼具收藏價值，客家花布也因為兩個世代的合作，碰撞出令人驚艷的商品創意。

不論經營哪個行業，在創意商品化的過程中，都避免不了「設計」、

「製造」這兩個元素的結合,創業者只要能結合這兩個元素的獨特交換價值,商品創意化便大功告成。

總的來看,不管是創意商品化還是商品創意化,創意的特殊性在於它對消費者帶來的需求,或隱含在商品內的附加價值,創意可謂是創新的內在活力源泉所在。如果我們的生活離開創意,那它將變得枯燥無味,社會也會因此停滯不前;所以,我們絕對要抓住「創意」這個巨大的社會需求,來尋找自己的創業機會。

3 創業者的最高原則：冪定律（Power-law distribution）

　　大家可能會認為最佳的創業模式莫過於將下列資源進行整合：足夠而有效的資金（Capital）、正確的戰略與商業決策（Strategy）、團隊能力與心態（Talent）。但你知道嗎？其實冪定律（Power-law distribution）完全符合上述這三樣事情，所以，我想跟各位談談這之間的關係。

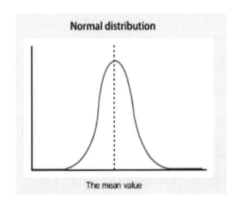

常態分布

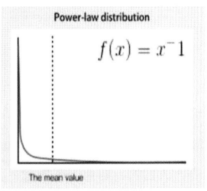

冪定律分布

　　一般人，尤其是受過高等教育的人，他們會認為社會上的事情都是常態分布（Normal distribution），統計學也大多假設為常態分配，但我想在此打破幾個傳統教育所教導的東西。從小我們就被洗腦，不管是身高、房間的大小⋯⋯等幾乎都是常態分布，兩邊屬極端、數值較小，所以不重要，中間比較多，維持常態就好，我們每個人只要關心自己是比平均值大

還是比平均值少，以此來判斷自己是否合乎標準。

不曉得你知不知道統計學最重要的定理是什麼？答案是中央極限定理。這個定理要用微積分才能解釋清楚，中央極限定理假設宇宙的一切都是常態分配，也就是所謂的常態分布，最差的只有一點點，最好的也只有一點點，大多數佔中間，向兩邊呈遞減；但創業其實根本不能用常態分布來思考！它是冪定律，並非常態分布，成功的創業家會一直往上，那曲線會有多高呢？答案是非常非常高，高到難以想像。

就像學校教我們的，成績最差是零分、最好是一百分，但這樣的教育是錯誤的，最好並不只有一百分，應該是一千分、一萬分，甚至是一億分……因為數值並非到 100 就結束了；最差的也不是 0，最差的是負數（minus）。

「冪」就是非常態分布，最好的會非常好，最差的會非常差；所以，如果你希望公司表現優秀的員工能留下來，那你最好對他好一點。

為什麼我會認為常態分布的平均值沒有意義？因為平均值會受到極端值的影響。我就認為政府很笨，向大眾公布台灣的平均薪資，但每次只要一公布，人民的心都會涼了半截，認為自己明明這麼努力，薪水卻沒有達到平均值。

那為什麼台灣大部分的人薪資都達不到平均值呢？因為它被極端值所影響。你知道大公司裡的董監事薪資有多高嗎？他們領的薪資是幾千萬、甚至幾億，前台積電董事長張忠謀就領了好幾億元。各位想想，如果有一天，他的薪水從 5 億提高到 50 億，那台灣的平均薪資水平是否也會跟著提升？當然會，而且是大幅提升。所以，這就是為什麼我會說我們政府很笨，政府要公布的應該是薪水的中位數，它才能真正表現出台灣的薪資水

平，不然永遠會被極端值影響而錯估。

　　所謂的中位數，是指全台灣人的薪水，從小排到大，取最中間的數值。告訴各位真實的數據，台灣的平均薪資大約是六萬元左右，台灣的薪資中位數則大約是三萬多元，所以如果取中位數的話，大家自然會比較滿意政府的執政，不太會有怨言，國民幸福指數也會因此提升。

　　創業的路途充滿挑戰，創業者是非常孤單的，很多事情都要自己扛著。每個創業者都會有自己不擅長的地方，在某領域缺乏經驗或缺乏資源，會遭遇各式各樣的山峰與山谷，要翻過去、跨過去，還是繞過去？有沒有時間繞過去？採用什麼方法、借用什麼工具，可以最快速、最省力翻越或跨越這些艱難險阻？若全都靠自己單打獨鬥、摸索實驗，絕不會有最佳答案。

　　所以，除了理想、膽識、眼光、術業有專攻、個人魅力以外，創業者最需要的即是透過冪定律來整合一切可能資源，在創業初始便成為壟斷者，從非常小的專注點做起，並在壟斷後快速擴張，做大潛在市場，成為強大的品牌、公司！

　　雖然傳統的教科書總告訴我們壟斷是不好的，容易破壞市場機制，因為壟斷後，市場便不再活絡，商品就不再持續創新、懶了，對消費者利益是有危害的……等等，這些觀念並沒有錯，但重點是我們已進入網路時代！

　　傳統的經濟學假設我們生產更多產品的邊際成本不為零，但在網路領域裡，生產的邊際成本往往近於零。何謂生產邊際成本？就是多生產一項產品要多付多少錢？答案是趨近於零，比如一本書我印了 2,000 本，但我多印 1 本，即 2,001 本，這兩種數量的成本也會是一樣的。又好比你

失業去賣蚵仔麵線，你多賣一碗或多裝一碗麵線，邊際成本也會趨近於零，你只要在準備材料時，多加點水，就可以多二、三碗出來，這多的二、三碗的成本差異就叫邊際成本，多生產需要多付多少錢的意思。

因此，創業者應該先找到一個細分市場，然後進行壟斷，再加以擴張。而在中國壟斷的機會，一般會比別的國家來得更大，像美國是已開發的社會，它有更多的透明度，若你想買一輛二手車、買賣房子該收多少佣金，你都可以輕而易舉地查到公開的價錢，這全是公開透明的。

在中國，很多行業的標準以及對消費者的保護都是不足的，造成很多行業建立了各種不公平的收費，尤其是傳統的仲介商最容易獲取暴利，因為制度的不透明，消費者無從得知價錢間巨大的差額。因此，中國的趨勢變化、政策所帶來多少機會，其實比美國的機會更多，這也是為什麼我會說在中國投資較為容易。在美國，如果你的目標是打倒麥當勞、可口可樂這類的大公司，那會非常困難，但中國這種強大且穩定的品牌目前仍少，公開透明的制度也非常態，對創業者來說絕對是好事，特別是如果你有一些「關係」的話。

先找到一處灘頭陣地，寧願做一個很小領域的陣地，也務必要把它壟斷起來。這樣的灘頭陣地非常重要，因為在找尋投資機會的時候，創投往往會希望你能在小市場裡先證明出自己的能力，並給他一個非常清晰、合適，不會太鉅額的擴張計劃，讓他知道你在哪區成功了，只要再從某領域擴展到其他的領域就行。

大陸廣州「要出發」這個旅遊網站就是一個很好的例子，它的目的從來不是做旅遊行業的前十名或擠進排行榜就好，他的目標是要在駕車旅遊市場做到第一，先從廣州做起，再逐步拓展至別的地區。為什麼要在廣州

做到第一？因為只要你能先在廣州做到第一，就會有創投願意投資你，而創投之所以願意投資你，他們首要的考量便是你的能力及企劃的可複製性。像大家都知道台灣市場很小，假設在台北做了一事業，那些創投會想：「這個事業在中國也是可行的」，因而願意投資一筆錢。

　　至於創投投資的金額應該占多少股權呢？那就要你跟他們談了，這叫「閉鎖性公司章程」。假設你出資兩百萬，他們出資兩千萬，那你就只有占 10％嗎？當然不是這樣；因為事業主要是由你經營，你有 Know How，所以即使你只有出資兩百萬、他們出資兩千萬，但股權分配仍可以雙方各占一半，這完全吻合民法的契約自由原則，是合法的。

　　很多國外的大企業，像亞馬遜（Amazon）都是這樣成長上來的，先賣書再賣其他東西，然後更進一步變成平台，一步一步做出來的。一旦你擴張以後，就有各種相應的方式，例如相關技術、網路效應、規模經濟與在地品牌等，來更鞏固你的壟斷地位，然後再擴張、複製，用資本的力量，以最好的方法得到橫向和縱向的擴張。

　　如果擴張成功了，你就要開始擔心有破壞者來找麻煩，這時你得做一個護城河，比如小米的核心是手機業務，那他們就會用護城河做一些其他的相關業務，像小米商店、小米帳號，或投資業界其他軟硬體公司，鞏固已有的壟斷地位。

　　亞馬遜先賣書再賣其他東西，這叫水平發展。那為什麼全世界的電子商務都是從賣書開始呢？因為書是最沒有爭議的商品。比如我要買王擎天的《成交的祕密》，版權頁上都有註記書號等相關資訊，不會有錯，所以買這本書不太會有產品之爭議發生。

　　但賣別的東西就容易有問題發生，比如賣衣服，不僅尺寸容易弄錯，

還有更大的爭議是顏色問題，像之前我在網路看上一件衣服，還蠻喜歡的，很快就下訂了。收到後，發現衣服顏色跟我當初在網路上看得不太一樣，於是打算退貨，但那時的退貨機制還不完整，法規也不明確，這時爭議就發生了。所以，世上任何在網路上賣東西的商家，大多都是先賣書，而不是賣衣服，因為賣書的爭議性很小，只要說清楚要賣哪本書、秀出書的封面，說明價錢，基本上不太會有爭議，所幸政府現在對網路購物有制定確的規範，擁有七天鑑賞退貨期，避免掉很多問題。

在美國和台灣都嚴格禁止盜版，但中國的盜版、山寨品卻十分猖獗，雖然如此，可真實情況其實和我們想的不一樣，像我們做為一本書的作者，在中國以被盜版為榮。如果有人盜版你的書，即代表你的書很紅，相當暢銷；明星也是如此，假如你的歌或戲劇沒有人盜版，就代表你的作品不紅，討論度不高，所以中國真的是個很奇特的國家。

所以，千萬不要再用過去MBA教我們「壟斷似乎是不好」的理論來思考，我們要把壟斷的貶義去除掉。且我想再強調：每間公司都應該在極狹窄領域壟斷，而且是一個足夠小、卻可行的領域，你要創業的領域要縮得越小越好，清楚知道自己要壟斷的是什麼，你不見得已經做到了，但至少要有所規劃。

日前，有位大陸的學員，專程飛到台灣找我，我們談了二個小時，他支付二萬元人民幣作為諮詢費，我教了他幾件事情，其中之一就是「在很

小的領域創業」。

「你打算做什事業？」

「到貴州養雞。」

「你為什麼要去貴州養雞？」

「因為貴州政府撥了一筆五千萬元人民幣作為創業貸款，讓貴州人民脫貧。」

「你要做什麼？」

「養雞。」但這並不是我要的答案，所以我連問了三次：「你要養什麼？」

後來他生氣了：「王董，你不懂什麼是雞嗎？」

「我當然懂啊！但雞的範圍太大了，你要告訴我，你想要養的是什麼雞？這樣的範圍就縮小了。你在中國告訴別人你是養雞的，這樣你跟別的雞農有什麼區別？別人養雞，你也養雞，沒有什麼特別的地方，憑什麼能賣得比較貴？」

後來他說他想養放山雞，放山雞就是把雞放出籠子，在外面跑的雞。我又再說：「這樣還不夠，你的放山雞有什麼特色？」

「雞的骨頭是黑的。」

「喔，你想要養的是放山烏骨雞。那雞種從哪兒來呢？」

「從台灣。」

「喔，所以你要養的是台灣的放山烏骨雞，這就是你想養的雞。」

他跟我談了二小時，收穫很多、不虛此行，所以，你要先從狹隘領域

的壟斷者做起，千萬不要在推廣產品時，跟客戶說你賣雞，那對方肯定不會理你。你養雞，別人也養雞，難道貴州雞有什麼特色？所以你要強調自己賣的是「在貴州放養的台灣品種放山烏骨雞」，這才有搞頭嘛！他預計養五千萬隻，之後我到貴州可以去吃台灣的烏骨雞了。台灣宜蘭的櫻桃鴨也是一成功案例。

因此，創新的小公司永遠會有機會，那小公司的機會在哪？第一、網路；第二、狹小的領域內。也就是說，你要找一個狹小的領域，並善用網路，那這樣擊敗大公司的機會相對提高，就好比敵軍以百萬雄師把城團團圍住，而你的兵只有一萬時，該怎麼辦？

你用一萬名士兵守城，絕對擋不住百萬雄師，所以你得找一個小地方來突圍，這樣就可以衝出城。雖然敵軍的百萬軍隊絕對是圍繞著全城，每個城門外也一定都有敵軍嚴加防守，把城裡的東門、西門、南門、北門全部圍住。但我軍可以利用半夜、沒有月亮的時候，綁繩子爬到城下，那地方一定不是城門，而敵軍的百萬雄師在那個小地方肯定只有一小部分軍隊，以我方的兵力鐵定能打贏，這就叫「單點突破」。同樣的道理，大公司如同敵軍百萬雄師，小公司就選擇一個小小領域，單點是指一個很小很小的領域，像現今，你就可以選擇用網路，輕而易舉地去突破。

不曉得讀者有沒有聽過多米諾骨牌效應？這種效應其實很簡單，就是連鎖反應。骨牌豎著時，重心較高，倒下時重心下降，倒下過程中，重力勢能轉化為動能，它倒在第二張牌上，動能就轉移到第二張牌上，第二張牌又將第一張牌轉移來的動能和自已本身具有的重力勢能轉化來的動能傳到第三張牌上……因此，每張牌倒下時，傳遞的動能都比前一塊大，所以它們的速度一個比一個快，依次推倒的能量也一個比一個大。

說個題外話，但跟多米諾效應有些關聯。民國五〇年代的時候，政府規定國民不可以出國觀光，但可以到國外做商業訪查，當時就有位企業家到歐洲考察，在德國發現一件非常新奇的東西——電視機，於是便買了一台回來。但這台電視機在台灣並不能用，因為當時沒有電視台，根本沒有訊號源，買電視機回來等於沒有用。

三年後，終於可以用了，台灣終於有了電視台，最早的電視台是台視。當時的電視節目只有三種：政令節目、新聞、連續劇，每種節目一天只播半小時，所以一天只有一個半小時有節目，且每個節目的收視率都非常高，因為只有一個電視台，大家只能看這唯一的電視頻道。

還記得當時的新聞都在報導越戰，後來我到美國念書才知道，其實美國國內的反越戰情緒是非常高漲的，政府當局就將此解釋為多米諾骨牌效應，認為他們國家是正義的領導者，共產主義從蘇聯到中共，共產主義的觸手已延伸到北韓、北越、東歐、古巴，所以要圍堵共產主義的擴張，如果沒有擋住南越的話，那必定會有骨牌效應發生，而下一個國家就是寮國、緬甸、泰國、馬來西亞，最後若一直到澳洲、夏威夷，甚至連美國本土都會被赤化；所以，他們一定要打仗，把共產主義圍堵住。後來美軍撤退，南越果真也就淪陷了，這就是骨牌效應，一個國家赤化了，就會一個接著一個被赤化，美國可說是越戰、韓戰的始作俑者。

因此，你可以先創立一個小本事業，再逐步擴大經營，最後這個事業體會變得很大。$2^0 = 1$，$2^1 = 2$，$2^{10} = 1024$，已經是 1000 多倍了，可見只要每次擴大一些，經過幾次的擴增，你的事業就可以迅速成長很多倍。

4 借力創業，事半功倍

　　一個成功的創業家，通常不是他的能力有多強，而是他能借用多少力量、調動多少資源，來完成他的夢想，成就他的事業。

　　經營企業說到底還是經營人，管理說穿了就是「借力」，因此，經營企業的過程是一個借力的過程，只要有越來越多的人願意把力借給你，企業就會成功。所以，那些成功的創業家，靠的不是他個人能力有多強，而是他能整合更多的資源，也就是所謂的「借力」。失敗的領導者，以其一己之力解決眾人問題；而成功的領導者則集眾人之力解決企業問題。

　　創業、研發、產品製造不一定都是從 0 到 1，需要自己親力親為，懂得善用「借力」才能讓你事半功倍。舉例來說，如果你要舉辦「員工教育訓練」，那有「活動企劃」、「場地」、「流程安排」、「主持人」……等眾多細節要處理，活動才能辦得成功。但你不一定要自己舉辦活動，只要目的相同，你也可以借用「他人」之力，參加別人的「教育培訓營」，先跟大家分享一則小故事。

　　有個窮人，窮困潦倒，吃不飽又穿不暖，他跪在佛祖面前痛哭流涕，泣訴生活的艱苦，天天幹活累得半死卻掙不到幾個錢。哭了半晌開始埋怨道：「這社會太不公平了，為什麼富人天天悠閒自在，窮人就應該天天吃苦受累？」

這時佛祖回話了：「那要怎麼做，你才覺得公平呢？」

窮人急忙說道：「讓富人和我一樣窮、幹一樣的活，如果他還是能成為富人，我就不再埋怨。」

佛祖點頭道：「好吧！」說完佛祖就把一名富人變得跟窮人一樣窮，分給他們各一座煤山，讓他們靠賣煤礦維生，並規定他們要在一個月內將煤山開採完。

窮人和富人同時開挖，窮人平常做慣了粗活，挖煤這樣的苦差，對他來說根本是小菜一碟、輕而易舉，沒多久就把一車子的煤礦挖好，拉去集市賣，用這些錢買了好吃的，拿回家給老婆孩子飽餐一頓。

而富人平時沒做過什麼粗重活，所以挖一會兒就要休息，累得滿頭大汗，到傍晚才勉強挖滿一車煤礦，換來的錢也只買了幾顆硬饅頭果腹，其餘的錢都先存了起來。

第二天，窮人早早便開始挖礦，富人卻先去逛集市，不一會兒帶回兩名工人，這兩名工人體格甚是強壯，一到煤山就開始挖煤，而富人就站在一旁監督指揮著。一上午的功夫，這兩名工人便挖出好幾車煤礦出來，富人把煤賣了之後，又雇了幾名工人挖煤，一天下來，扣除支付給工人的工錢，剩下的錢仍比窮人賺的錢多出好幾倍。

一個月很快過去了，窮人只挖了煤山的一角，每天賺來的錢都買來吃香喝辣，身上沒有剩餘什麼錢；而富人早就把煤山開採完，荷包賺得滿滿，然後又用這些錢另外去投資，做起別的買賣，很快又成為富人。

結果可想而知，窮人再也不抱怨了。創業之初，人們想的通常都是「拚己全力」、「一切靠自己」，想著如何讓自己變強，這樣才有辦法舉起比自己力量更「大」的東西，但最後往往是累死自己，仍無法達到強大的功效，因為我們都像故事中的窮人一樣，從來沒有想過「借力」。

創業不一定要全都靠自己

精明創業者的成功之道在於整合一切能為我所用的有利資源，如平台資源、人脈資源、職業資源、資訊資源、專業資源、資本資源等。

創業時，如果能借用他人之力，解決資源短缺問題，那創業是不是就相對容易多了呢？那什麼是他人之力？對創業者來說，它可以是創業資金、生產設備、生產原料，也可以是技術、關係、權勢等等，好比胡雪巖借官銀開錢莊，希爾頓借他人之地和資金興建希爾頓大飯店⋯⋯等。

那為什麼要借用他人資源呢？不僅僅是因為資源短缺，主要是因為「借用」他人的資源，有助於提高創業的成功率，獲得更好的發展，提高工作效率，增強競爭力。

在美國，有一位叫保羅・道彌爾的人，他專門借倒閉企業之力來發財。一次，道彌爾找到一家銀行的經理，一見面就開門見山地問：「你們手上有沒有破產的公司或企業要拍賣呢？」銀行經理介紹一家破產公司給他，了解詳情後他出錢買下了這家破產的公司。簽好轉讓合約後，道彌爾全面分析了這家破產公司各方面的情況，找出經營失敗的原因，制定了一套改造計畫。

首先，他針對這間公司嚴重超支浪費的問題，開源節流、對症下藥，

其次，他改良技術，降低產品成本，再實施一些管理措施。經過一系列綜合改革，不到一年的時間，這家公司便起死回生了，銷售量悄悄翻倍，由虧損轉為盈利，有人不解地問他：「為什麼你總愛買那些瀕臨破產的企業呢？」

道彌爾坦白地回答說：「我看起來是為了幫助那間企業，但其實是為了我自己。接手別人經營的生意，較容易找到失敗的原因，所以我只要把這個問題解決，自然就能賺錢了，這可比自己從無到有，從頭開始做一門生意省力得多。而且像我這種白手起家的人，沒有太雄厚的資本，若創業肯定到處都是對手，只有買這樣的企業既便宜又省事。」由此可見，只要借勢且合乎時機，就能事半功倍。

對大部分的創業者而言，特別是那些初創業的人，他們不知道該做什麼，更不知道該怎麼做，沒有思路、沒有創意、沒有技術、沒有裙帶關係，甚至是沒有資金，創業者要面臨諸多的考驗與關卡，而資源整合就是幫助創業者快速達成目標的一個捷徑，且是最輕鬆、簡單的方式。

很多人總會覺得自己之所以沒辦法成功，是因為缺資金、沒人脈、沒關係、沒管道、沒合作夥伴，甚至是自己不具備一技之長，但真是如此嗎？擁有資源是一回事，使用資源又是一回事，資源既可以被資源的所有人使用，也可以被其他人使用。使用自己的資源叫「利用」，例如利用手中的權力，利用自身的優勢，利用自己的能力等等；而使用他人的資源叫「借用」，例如借用 ×××的權力，借用大公司的優勢或名氣或借用某人才的智慧……等。

成功的關鍵不在於你有沒有資源，而是資源整合的能力，大部分的人都缺少將資源整合的思維，只要你懂得利用整合，你會發現資源其實無處

不在。剛剛故事中的富人之所以能成功,便是因為他深諳「借力使力不費力」的技巧,腦中總是在想:我具備什麼資源、我缺少哪些資源,透過我具備的資源,來換回我缺少的資源,並整合在一起發揮最大的效能,實現互利共贏。

任何人、任何企業都無法跳過「從弱變強」的過程,當自己處於弱小的時候,要能借用他人的力量「借」力發力,從而更好地成長,善用彼此資源,透過「借」力發力,創造共同利益。

像在 2018 年宣布退休的李嘉誠,他當初獨自創業,靠得是什麼?就是眾多貴人的幫忙。他認為,創業只有兩個方法:造船過河和借船過河。他說:「人生路上,首先要找到人生的導師,借用成功人士的眼光去了解趨勢、確定方向,先借力而後能力;先借船而後造船;抱團打天下!」

造船需要的是實力,因此最有智慧的人並非能力強,而是會借力;會借力的,才往往是最有智慧的人。例如:你打算開間小店,做個小生意、小買賣,資金、貨源、物流、倉庫、店面、房租、員工、人事、管理、同業競爭等大小事都需要你去處理、張羅。而目前的市場環境跟三十年前大不相同,供大於求,各個產業呈現飽和狀態,像很多人都想開間咖啡廳、複合式餐飲店,自己做老闆,用盡心思經營、競爭,勞心勞力,在如此紅海競爭的你,這一小事業又該如何突破重圍呢?

若要靠實力競爭,便是大魚吃小魚,小魚吃蝦,蝦吃泥。所以,最有智慧的人絕對不是靠自己的力量去對抗大鯨魚,懂得借力,才是你在浩浩

海洋中的生存之道，不然你只會成為小蝦米對抗大鯨魚下的蝦泥。

因此，當你覺得自己的實力、能力還不強或不夠強大時，先借力，借船過河，先養精蓄銳，等實力強大後再造船也不遲！

透過平台借力，創造最大商機

全球最流行的社群平台 Facebook 和影音平台 YouTube，兩者本身不創造任何內容；全球最大的住房供應商 Airbnb 本身也沒有房地產；計程車服務龍頭 Uber 更沒有任何一輛汽車，也不雇用司機，而他們沒有車也能開計程車公司，沒有房子也能開旅館……是為什麼呢？因為這都是透過平台借來的。集眾多人之力才形成了這樣的平台，還能成為各自領域的第一，讓我們再次體會到聰明借力所創造出來的平台經濟。

像 Airbnb、Uber、「餓了麼」這樣的平台本身都沒有自己的產品，而是藉由聚集和串聯使用者與供應商，透過他們之間的互動來賺錢。

平台之所以是平台，是因為它同時對供應者與使用者開放，平台扮演的只是中間人的角色，讓買賣雙方能順利交易，但不負責製造商品或提供服務，例如阿里巴巴的淘寶，它的商業模式就是把自己從產業鏈中脫離出來，略過門市，讓上游跟下游對接，直接媒合廠商與買家。這樣做的好處是商品種類開發是供應商來做，賣不完庫存由商家承擔，它免費讓商家在上面接觸消費者，不收分成，而一聽到免費，幾百萬商家就全都跑來了。只要有 10％的商家，想跟別人不同，要打廣告、想融資、要了解消費者需要什麼，阿里巴巴就為這些商家提供有償服務，其中就有賺錢的機會。

為什麼現在市值最大、成長最快都是平台型企業呢？因為它們都靠活

絡閒置資產或產能來賺錢，且透過平台形成的正向網絡效應，能帶動十倍速成長，那什麼叫「活絡閒置資產或產能來賺錢」？就是發揮「使用而非占有」的概念。

舉例來說，美國有三成家庭都擁有電鑽這項工具，但通常只用了一、兩次就被收在儲藏室裡，很少再被拿出來使用！可見他們當初買電鑽，只是為了打一個「洞」，而不是想擁有一個電鑽。既然這種工具的使用率這麼低，與其買一個閒置在家裡，不如需要用時再去租一個，不是更好嗎？這種「使用而非占有」的觀念如今已被越來越多人所接受，有越來越多的消費者開始改變想法，選擇只租不買、按需求付費的方式。

而「使用而不占有」就是借力的核心精神，因為你借的是「使用權」而非「所有權」，所以別人才願意以極低甚至無償的代價借給你！平台於焉成型矣！

大家最熟悉的例子是 Airbnb 與 Uber。這兩平台無非是強調善用科技，運用網路結合特定產業（互聯網＋），將多餘或閒置產能進行整合、再利用。這些閒置資產的價值就會隨著使用效率增加而提升，這也是目前大家常聽到的「共享經濟（The Sharing Economy）」——集眾人之力，達成資源共享的目的。

Airbnb 住宿平台的誕生，源於 2007 年秋天，兩名大學剛畢業的年輕人正為付不出房租而發愁的時候，他們所處的城市舊金山，剛好在舉辦全美工業設計師協會大會。由於與會人數眾多，當地飯店的客房嚴重不足，於是他們突發奇想，在自家客廳擺上三張充氣

床墊，然後在網站發布消息：每晚只要 80 美元，就可以享受到氣墊床加早餐（Airbed & Breakfast）的服務，外加當地的觀光諮詢。沒想到他們的另類服務居然大受歡迎，所以他們決定為更多的出租人和承租人搭建一個聯繫和交易的平台——Airbnb。

Airbnb 提供平台，媒合了有閒置空間的人與有居住需求的人，房東可以自行透過平台，出租家中多餘的房間，提供給觀光客住宿；房客們可在網上挑選房間，在網路上支付所有的費用後便可入住。

另一個計程車叫車媒合平台 Uber，它們透過網路平台，乘客可隨時隨地利用手機 App，直接搜尋附近是否有空車，Uber 司機只要在特定區域定點等候，不用漫無目的地開著空車滿街跑，減少空車繞行這段毫無產能的成本耗損。跟傳統計程車司機相比，Uber 以去中間化，乘客與司機直接媒合的叫車方式，有效活化每一台私家車的服務庫存，只要家中有空車，人人都能成為計程車司機，提供載客服務。

至於餐點外賣平台「餓了麼」的成立，是因為兩位研究生在深夜叫不到宵夜，讓他們想到可以做一個外賣平台，與在地餐廳結合，提供外送服務，直接線上將餐廳與消費者串聯起來。消費者用手機點餐、付款，外送人員最快半小時便能將熱騰騰的餐點送達，業者甚至可以不用經營餐廳，也能做起美食外賣事業。

在這樣的新興商業模式下，人們可以藉由網路進行協調，直接租賃房屋、汽車、輪船，也包含停車位、工作室租借，甚至是技術服務等其他食衣住行方面，使共享經濟無所不在地出現在我們的生活中，讓我們要喝牛奶，卻不必家家戶戶都養乳牛；現在，你只要有閒置的金錢物品、多餘的時間或某項技能，就可以和其他人分享。

　　而平台需要產生群聚效應，才能吸引買家，所以必須先招募一定數量的賣家；但買家如果不夠多，賣家也會覺得平台集客力不足而不想進駐。平台的固定成本可能很高，但變動成本很低，只要有大量賣家和買家匯集，就能降低每筆交易的平均成本，這和百貨公司很相似，無論多少家店進駐、多少客人光臨，百貨公司每天的營業成本都差不多。

　　所以只要這個平台的使用者越多，能帶給其他使用者的好處就越大，以淘寶為例，商家和消費者越多，便產生了正循環，這就是正向的網路效應。一旦平台達到一定的規模，便會築起很高的障礙，平台自然會呈現大者恆大，甚至是贏者全拿的局面。

　　螞蟻金服，它沒有銀行卻能打造出中國最大的貨幣基金，它的前身其實就是阿里巴巴的支付寶，支付寶是依附於電商交易的工具，阿里巴巴為了因應網路信用問題這個痛點，保障買賣雙方的交易，因而設計出支付寶，作為第三方支付工具。隨著電商的發展，促進支付寶的壯大，幾乎每家小店都在用支付寶錢包，人們可以在越來越多的商場、便利店、計程車等實體商店使用支付寶錢包。

　　支付寶的帳號系統累積近五億名用戶的時候，「螞蟻金服」就應運而生，之前推出的貨幣基金產品餘額寶，便是螞蟻金服旗下的一項餘額增值服務和活期資金管理服務。餘額寶滿足了支付寶使用者想用少許的錢，就能投資基金賺點利息錢的需求，而且只要在手機上就能輕鬆購買，約莫新台幣 5 元就可以存基金；這檔貨幣型基金，才上架三年就累計超過新台幣三兆資金，成為中國最大、全球第四大貨幣基金。

　　螞蟻金服顛覆傳統銀行的做法，正視消費者的需求，只做「小單」，這種看小不看大的邏輯，因投資門檻低，不到 50 元就能買債券基金，不

僅操作簡單，用戶還可以獲得財經資訊、市場行情、社區交流、智慧型投資推薦等服務，透過源源不斷的金融產品將用戶牢牢地綁住，使他們願意長久接受服務。

所以，當你發現商機、一個可行的事業，找到消費者有一個痛點急需被解決的時候，想創業的你，要先借力使力、整合資源，找到那些有能力做得比你更專業的人，把他們串聯起來，而非自己投入大筆資金。剛開始也許會特別難，但整合成功後，你會感覺到是萬馬拉車，而不是車拉萬馬，大家都在拉著你走，讓你省力很多。

成功，不在於你能做多少事，在於你能借多少人的力去做多少事！學會借力，借別人的力，借工具的力，借平台的力，借系統的力，合作共贏！由此，你便找到了槓桿的著力點，能撬動整個世界！這也是企業創造價值十分必要的過程，你一定要懂得「借力使力」，用智慧換效率，發揮扭轉力。

路是別人走出來的！切記！切記！

讓 LINE 一夕爆紅的幕後功臣

　　由 NHN Japan 公司開發的通訊軟體 LINE，超越蘋果、Google、微軟平台的免費應用軟體，只要你和朋友的智慧型手機中裝有這個程式，並且有網路，就能互傳簡訊、打電話完全免費。

　　不過這種通訊軟體並非是創新技術，如美國推出 WhatsApp、中國推出的微信，兩者都比 LINE 還早上市，但為什麼 LINE 卻能以後起之秀的態勢急起直追，引起市場注意呢？全靠 LINE 開發部門的靈魂人物舛田淳。那他究竟是如何帶領團隊後來居上的呢？

　　「看準女性比男性愛講電話、傳簡訊，有使用免費通訊軟體的需求，因而讓舛田淳想為女性設計出能傳遞情感的軟體。」

　　LINE 最初十幾人的創始團隊中，以男性居多，他們為了揣摩女性細膩的心思，整天被舛田淳要求從女性的角度來思考：「假設我是女性，會有哪些需求？」

　　他們發現女性心思敏銳，易察覺到情感的變化，但這些微小的變動，很難用言語表達，所以表情符號剛好能派上用場。於是 LINE 團隊設計了饅頭人（Moon）、熊大（Brown）、兔兔（Cony）及詹姆士（James）等可愛的卡通角色，每個角色表情豐富、逗趣可愛，讓女性用戶可選用這些圖案來傳遞心情，用圖案取代過多的文字敘述。

　　領導這一切的幕後靈魂人物舛田淳，畢業於日本早稻田大學社會學系，在進入 NHN Japan 任職之前，是日本百度董事會成員，更是百度創辦人李彥宏手下的大將。當初李彥宏進軍日本時，忙著尋覓人才，他向媒體透露：「日本百度高階主管，一定要是日本人，而且要有年輕、親和、善學、明決等條件。」而舛田淳接過大大小小無數行銷案，對市場需求敏感度高的他，剛好符合這些條件。但在 Yahoo 與 Google 的雙重夾殺下，日本百度的發展不如預期順利，後來舛田淳遞出辭呈，這時 NHN Japan 便向他招手，將他招募進公司。

　　LINE 團隊日韓混血，雖然來自 NHN Japan，但母公司其實是 NHN Korea，是全球第五大、韓國最大的搜尋引擎公司。舛田淳雖然得到母公司的全力支援，卻沒有忘記要保持創新，為了搶開發速度，他們沒有繁瑣的會議和沉重的業績壓力；十幾人的團隊，座位聚集在一起，有問題就七嘴八舌地討論，就是這樣的彈性，讓 LINE 在短短一個半月內就開發完成。

　　隨著 LINE 不斷成長茁壯，LINE 也成為電信公司頭痛的對象。打電話、傳簡訊免費的趨勢已不可避免，所以電信公司要考量是自己提供這樣的服務，還是和 LINE 合作；否則電信公司很有可能成為辛苦砸大錢架設基地台，卻連打電話、傳簡訊的錢都收不到的冤大頭。不過，對擁有大量用戶的 LINE 來說，能否擴展至 Facebook 這樣的平台，讓數位內容上架，並從中獲利，才是未來最大的挑戰。

＊＊參考來源／今周刊 871 期

4
SLASH

為你的創業，
找到利基點

偉人並非生來就偉大，而是在成長中變得偉大。

Great men are not born great, they grow great.

1 你的利基市場在哪裡？

人們在登山、攀岩時，常藉助一些微小的縫隙作為支撐點向上攀登。而這懸崖上的石縫或石洞，英文字面上的解釋就稱為「Niche」，本單元便要和創業主們討論「利基市場」！

在商業領域中，利基市場通常被用來形容大市場中的縫隙市場，而這種利基市場有個特點，那就是企業會選定一個很小的產品或服務領域，集中火力讓自己搶先進入，成為該領域的市場領導者。先從當地市場擴大至全國，再一步步進軍全球，同時建立各種進入障礙，以保持持久的競爭優勢，也就是前面提到的壟斷。

對創業者來說，選擇利基市場開創事業是一個很好的切入點，但前提是你得找到利基市場在哪裡。利基市場通常是指那些被具有絕對優勢的企業所忽略的細分市場，企業選定一個產品或服務領域後，集中力量發展成為領先者，先在當地市場發展，再由當地向外擴展至全球市場，建立各種壁壘，並透過專業化經營，獲取更多的利潤，形成持久的競爭優勢，開創出自己的一片天。

比如說，汽車車頭都有一個品牌標誌，但汽車公司一般不會設立特定的工廠，專門為這個汽車標誌成立公司，只做這個不起眼的東西來服務各車廠，而不做其他產品。汽車標誌這個市場雖然看起來很小，但換個角度想，如果你能爭取到全球 70％ 的車廠都向你下單，使用你生產的汽車標

誌，那可就賺翻了。

再舉個例子，喝可口可樂的時候，你肯定不會聯想到「永本茲勞爾」這家企業，而且你可能根本不知道這間企業，但每瓶可口可樂都跟永本茲勞爾這家公司有關。永本茲勞爾專門生產檸檬酸，是獨霸全球的檸檬酸產業的領導品牌，在飲料消費市場中，從檸檬酸找到利基市場，創造出價值。

另外，有一家叫傑里茨的公司，專門生產劇院布幕與舞台布景，是全球唯一生產大型舞台布幕的製造商，全球市佔率高達 100％。無論到紐約大都會歌劇院、米蘭斯卡拉歌劇院，還是巴黎巴士底歌劇院，舞台布幕都是由傑里茨生產的。而瑞士公司尼瓦洛克斯，你對它可能也一無所知，但手錶中的游絲發條很可能就來自尼瓦洛克斯，他們的產品在全球的市佔率高達 90％。

還有一家名為日本寫真印刷株式會社，這間公司來自日本京都，是小型觸控螢幕的全球領導者，擁有 80％ 的市佔率。更有間 DELO 公司專門生產膠黏劑，一般消費者可能沒有察覺也不知道，但它已成為我們生活中不可或缺的東西了。舉凡汽車安全氣囊感應器、金融卡和護照內的晶片，都使用 DELO 生產的膠黏劑，全球每兩支手機就有一支手機使用 DELO 生產的膠黏劑；在現今 IC 卡等新科技蓬勃發展的年代，讓 DELO 成為全球市場的領導者，目前有 80％ 的晶片卡都使用 DELO 的膠黏劑。

這些公司都成功佔據利基市場，但他們的產品嚴格說來都不怎麼起眼，那為什麼他們的產品能讓客戶非買不可呢？原因只有一個，那就是「獨特的技術與服務」。這些以利基市場為基礎發展的公司，不只在一件大事情上做得特別出色，更每天在一些不起眼的小地方做出改進，不斷精

進自己的技術、競爭力，成為世界第一。這類企業在獨特的市場區塊中，產品往往不起眼，成長後勁卻很強，屬於世界級的企業，以致全球沒有對手能贏過他們。

以這些利基市場生存的公司來說，重點在於創造價值，市佔率高並不代表領先市場，真正能領先市場的原因是他們獨特的技術活躍在新興市場，這也是以利基市場創業的公司，能成長快速的原因。新興市場發展有個共通點，那就是這個市場的技術服務，在近年來持續創新，利基型的創業者掌握了技術創新的主導權，活躍於快速成長的新興市場中，使這些創業者能一飛沖天。比如以風力發電獨霸全球的愛納康公司，他們在風力發電與風能利用，掌握了關鍵技術。

這間成立三十多年的企業，如今已擁有一萬三千多名員工，發展非常驚人，且近年來全球環保意識的抬頭，各界對再生能源的需求大增，愛納康的成長可望持續下去。

以利基市場創業的公司，不只是新興市場成長而已，即使是在較成熟的市場，這些創業者的成長表現也相當不錯。比如說，安德里茨這家冠軍企業，主要生產造紙專用的機器設備，屬於成熟市場產品，但在 1980 年代末期重新定位策略，走上透過併購來謀求企業發展的道路，目前安德里茨已完成多起企業併購案，持續成長中。

❶ 台灣富堡推出利基產品：安安成人紙尿褲

要找到利基市場其實不會很難，有時甚至很簡單，主要在於創業主是否有勇氣放手一搏。原本以經營嬰兒尿布起家的台灣富堡工業，發現台灣的人口結構邁向高齡化，因而毅然決然地轉為生產成人紙尿褲，並成功創

立「安安」這個品牌。

富堡工業的創辦人指出，除了看到高齡化社會的趨勢之外，他更觀察到，嬰兒使用紙尿褲的期間其實不到兩年半，但成人的使用需求卻可能從三個月甚至到十幾年不等，所以他想說，與其把資源投入競爭激烈的嬰兒尿布市場，不如拉長戰線，投入成人紙尿褲這藍海市場。

除了消費人口增加、使用時間長的產品特性，讓安安成人紙尿褲在市場上大有可為外，富堡工業也投入相當多的資源，研發各式成人紙尿褲，解決成人的各種使用需求，從日常生活到臥病在床的款式都有，這樣的產品與功能的訴求，讓台灣富堡工業能在市場上致勝的關鍵更添一筆。

不僅在台灣，富堡工業在海外，像東南亞、東北亞、印度、中東和中國大陸……等都有銷售據點，並以高中低三種價位，建立多種品牌；至於歐美的成熟市場，則選擇用品牌代工的方式切入。

這個當年放棄嬰兒紙尿褲市場的富堡工業，在四十年長期抗戰後，換來全球60％的消費市場，如今的成就，正是他們看到利基市場，勇敢闖入並不斷努力創新的結果。

2 全國動物醫院

接著，我們再舉個成功案例，同樣也是看到利基市場的全國動物醫院。在台灣，飼養寵物的家庭越來越多，現在飼養寵物已不僅僅是觀賞，更是尋求一個陪伴；因此，全國動物醫院之所以能從原先台中的單一店面，成長到現在擁有北中南近二十家分店，不僅是看見寵物商機成熟，更以專業分科和重視服務的理念，讓它們成為台灣最大連鎖動物醫院。

全國動物醫院執行長陳道杰，別出心裁地用人醫的概念來經營獸醫專

業，並按照醫生個別的興趣和專長，區分出十個不同的專業，讓寵物得到的醫療服務及效果能更確實、周到。然後再透過定期的講座、會議、考試等各種管道，提升醫師專業的教育訓練，並建立助理、客服人員的標準化作業流程。

全國動物醫院透過內部分享的力量，逐步建置起連鎖的條件，並且培養出不同專科的醫生，才得以建構出一個個具有特色的分院，佔據利基市場。

從安安成人紙尿褲再到全國動物醫院的成功案例，兩者在進行入利基市場時，都先找到了目標顧客群（銀髮族、擁有寵物的族群），並了解其真正的需求點，因而能比其他公司更完善地滿足消費者的需求，再依據其所提供的附加價值，產生更多的利潤額。

在利基市場上，企業是透過專業化經營來佔領市場，並用盡最大的努力來獲取收益，所以，富堡工業不斷地研發各款式的紙尿褲，以符合成人不同情況的需求；全國動物醫院設立專業的分科，讓寵物得到最精良的醫療照顧，他們皆透過這些專業化的過程，在無形中形成其他廠商進入市場的困難度，也因為這樣才使得他們的獲利空間能夠一直增長，在不同地區開設連鎖店或增加銷售據點。

只要地球一直在運轉，利基市場就會不斷地形成，從越來越多的新興行業出現就可以充分證明這一切，所以問題不在於到底有沒有利基市場，而是我們能否找出來或創造出來，並勇敢地進入市場。當然，進入利基市場不能光只有勇氣而已，事前充分地掌握主要客群是必須的，且進入市場後，企業更要努力地在專業和產品、產能的創新上力求突破，提高其他廠

商進入的門檻，才能創造出最大的利潤，否則市場很快就會換人做主。

　　以利基市場創業，並持續成功的方法之一，便是專注在某塊產品領域，只生產一種產品，用心耕耘一塊市場。成功的創業者通常把市場範圍定得很小，市場規模相對於其他產業，也相當的小；所以，當他們評估自己該往哪個產品市場領域發展，不是從市場數據來決定自己要專注在哪個領域，而是從走入市場、貼近客戶挖掘自己適合的產品市場，針對這塊領域不斷精進自己的技術服務。也就是說，在利基市場上成功的創業者，其實是從客戶的反應，來決定自己要發展哪一個領域的產品，並在技術上不斷精進，直到稱霸全球為止。

找到你的利基市場

　　從利基型創業者的成功經驗來看，創業者要找到自己的利基市場，必須先專注於自己最在行的產品，先求專一深入市場，不求多角化拓展市場。

　　成功的利基型創業者，普遍會拒絕多角化經營，他們傾向技術與服務專業化，將公司大部分的資源聚集在某個重點產品上。以醫藥包裝系統的全球領導業者烏爾曼公司為例，他們成功的策略便是專一發展特定的產品領域，烏爾曼公司表示，他們過去只有一個顧客，未來也只會有這一個顧客，而這個顧客就是製藥公司。

　　烏爾曼公司還將深入專一市場濃縮為一句話，這句話更是企業宗旨：「只做一件事，但要做得很棒！」伯頓滑雪板公司創辦人傑克·伯頓（Jake Burton）也認為，做好一件事很重要，他看過有些滑雪業同行跨

足高爾夫球領域皆未成功，所以他發誓自己絕不會走多角化經營這條路。

① 服務技術力求專精，行銷地域力求擴展

利基型創業者的毅力要相當驚人，在拓展市場過程往往得花上幾十年的時間，來拓展產品行銷領域，因為利基型創業者的產品，通常較為冷門，所以市場規模相對較小。但全球化拓寬了利基型創業者原本狹隘的市場，比方說，溫特豪德這家公司，專注於提供飯店和餐廳洗碗相關設備與服務，這種產品的市場無法供應小家庭，客戶圈很小，必須發展全球化市場，才能讓企業不斷壯大，持續成長。

全球化擴展產品，已成為利基型創業者重要的行銷策略，簡單來說，成功找出自己價值的祕訣在於產品服務與技術上力求專精，並在行銷地域上力求擴展。曾有份根據全球利基型創業者的調查，發現利基型創業者會為了更貼近客戶，用很多方法與國外客戶見面。

舉例來說，地毯與家用織品的全球領導者 JAB Anstoetz，在全球七十餘國設立樣品陳列室，而全球最大的酒類及飲品貨運商 Hillebrand，在相關業務國家設有七十三個辦事處，其中有五十六處由總公司親自經營。整體而言，利基型創業者大多能顯現出非凡的全球化能力。

② 直接銷售，找到利基市場

另一個利基型創業者成功的關鍵在於，他們跟客戶的關係非常緊密，提供的產品和服務具有高度複雜性。據調查，有 3/4 的利基型創業者採取「直接銷售」的商業模式，以利於與客戶保持經常性接觸，因而能跟客戶建立穩固的夥伴關係。且有 71％ 的利基型創業者買家是老主顧，七成以

上的客戶依賴他們所提供的特定產品；40％的利基型創業者聲稱自己曾與客戶共度艱難時刻，另約有 68％的創業者認為自己與最重要的客戶關係匪淺。

利基型創業者不會因為客戶訂單少，就不願意接單，對他們來說，固定訂單和一次性訂單都很重要。那為什麼利基型創業者會連一次性的小訂單都願意做呢？關鍵在於利基型創業者提供的產品種類，有的是定期供貨的產品，有的是久久才需要購買的投資品，所以不管是小訂單還是大訂單，只要能解決客戶的所有需求，訂單自然就能長久。

滿足客戶期望、幫助客戶成功，決定了利基型創業者公司的價值，其次對這類型的創業者來說，最重要的是企業形象，利基型創業者擅長在小規模市場裡建立形象，藉由好的形象來強化自己的品牌。

❸ 創新模式找到利基市場

客戶服務、企業形象，對創業者來說都是對外的關係，但光強化對外關係是不夠的，真正能讓創業者立於不敗之地的是「創新」。很多利基型創業者都盡心朝創新的方向前進，比方說，工業鏈條組件生產領域的市場領導者 RUD 公司，一直保持技術上的創新領先地位，是他們發展策略上的重點。

且利基型創業者的創新不只表現在技術和產品方面，企業在流程上的創新也同等重要。舉例來說，歐洲最大的宅配冷凍食品公司 Bofrost，把產品直接送到消費者的冷凍櫃中，確保冷凍過程不中斷；而另一家 Würth 公司的高效率銷售物流配送系統，會自動補充客戶需要的物品，相當方便。

同樣地，行銷模式創新也很重要，行銷模式創新能延長現有產品的價值鏈。舉例來說，以全球電動工具及零配件的領導廠商 BOSCH 電動工具為例，他們在大型賣場中引進店中店的概念，現在他們擁有七百家這樣的店面，使銷售額增加 330％。另外像全球氣動自動化領域的領導者 FESTO 公司，他們針對不同的客戶，設計專業的產品目錄，這項創新行銷服務能有效地鎖定客戶需求，取得客戶訂單。

除此之外，簡化也是利基型創業者的另一種創新，例如 IKEA 把產品變得簡單，讓消費者自己組裝家具，降低組裝成本，使他們的商品售價得以壓低，在薄利多銷的情況下，仍能保持 10％的利潤水準。

4 從優、劣勢找到自己的定位

創業者可從自身的優、劣勢分析出自己該走哪一條路，上一點提到 IKEA 把產品變得簡單，讓消費者能自行組裝家具，以降低組裝成本，這正是 IKEA 著眼於商品比一般家具店多樣，成本可壓低的優勢，定位出組裝家具的市場區塊，鎖定年輕人喜歡組裝家具的目標消費群，針對消費族群的消費力，調整產品價格策略，行銷策略定位，找到合適的切入點。

世上沒有任何一樣產品可以滿足所有的消費者，以利基市場創業，只能針對特定客戶、特定產品行銷，一旦聚焦特定產品銷售，創業者就要將大部分資源聚集於此特定產品。找到自己的利基市場，對創業者來說，是讓自己獲得快速突破和發展的良機，透過利基市場的尋找、分析和判斷，才能整合和優化資源，攻占目標市場。

運用 SWOT 分析找出自己的優劣市場

Google 由於很清楚自己的定位是提供搜尋引擎，而非提供內容服務的行業，因而能勝出 Yahoo；只要你深究 Google 的實質工作內容，會發現他們既不生產也未掌握任何原創內容，只不過是做到「組織網路上的現有內容」，成為公司主要的優勢所在。

Google 為什麼甘願只把一項服務做到最好、最專業，肯定也是做了一定的研究分析，才確認市場的定位。所以，接下來想跟創業主們談談這最基本的研究工具——SWOT 分析。

在管理學上，運用 SWOT 分析可以幫助創業者界定自己的市場與特長，以獲得預期的目標。所謂的「S」指的是 Strength，是「長處」的意思；「W」為 Weakness，也就是弱點；「O」是 Opportunity，也就是機會；「T」則是 Threat，也就是威脅。

以我自己為例，我非常了解自己的優點及缺點，我是文編出身，讀過很多書，文筆也不錯，但關於設計、美學、色彩……如何讓書整體亮眼、好看這方面我就很弱了。從小到大，我成績最差的就是美術、音樂和體育，若我這輩子想補強這個劣勢會很痛苦，因此，我當初創業、設立出版集團時，就竭盡所能地去找可以補足這方面的人才，借他們之力來做出版，這樣內容跟外觀就都有了！

所以，不管是創業還是任何事情，你都要懂得先用 SWOT 分析出自己的優、劣勢，才能想辦法解決、改善，以下跟創業者們分享幾個企業透過 SWOT 分析改變的案例。

① Google 公司因清楚自己的定位而取得市場領先

企業的優缺點，可以透過內部組織的分析得知，就如創業者自己的優、缺點，能夠從個性與過往的成就與經驗，來明白大致情況，但如果是企業的機會與威脅，就要從外部環境來分析。舉例來說，Yahoo 一直認為自己掌握了內容服務事業就可以勝出市場，但他錯估當時的市場需求，大眾需要的其實是一個可以提供快速搜尋引擎服務的網站，而非大量內容的網站，因為內容來源可以從舊媒體去取得，不需要網路公司大費周章的產出；相反地，Google 很明白地看到這點，致力於研發搜尋引擎，並善盡做組織、搜尋知識的行業，把握住這項市場機會，在原先的市場上造成威脅，因而讓 Yahoo 失去領導市場的機會，成為該產業的佼佼者。

② 柯達公司錯失數位相機市場

另外，柯達公司也是一個「無法看到市場的機會與威脅，以及自己優點與缺點」的公司。在數位相機普及的時代，傳統底片的年代已宣告式微，但柯達公司一直到 2004 年，才宣布停止在美、歐等成熟市場銷售傳統底片相機，進行轉型。柯達投資 35 億美元進行重整，特別著重於數位影像科技部門，包括旗下的數位影像產品，註冊會員超過七千萬人的線上服務、全球八萬家零售點以及一系列的數位相機、印表機、及相關設備。

這個決定雖然是正確的，但決定得太遲了，柯達已無法跟惠普、佳能等對手較量，導致公司虧損連連，無法在相機市場上取得領先地位。若以會員數七千萬人的線上服務實力來說，柯達其實可以走向線上影像和記憶行業，可惜柯達公司被實體事業所限制，讓網路上最有名的相片群網站 Flickr，被當時的新興網路公司 Yahoo 所買下，錯失翻身的機會。

　　但其實也不一定要爭取到領導地位才算是成功，有時候透過「策略聯盟、雙贏策略」，兩家或兩家以上的公司或團體，基於共同的目標而形成，各取所需、截長補短，各有優勢長處、相互合作，也能開創良好的事業基礎。例如：肯德基公司為了在日本開設連鎖店，與三菱集團進行策略聯盟，因為三菱企業對日本市場的熟悉度一定比肯德基公司來得好。在台灣，連鎖便利商店雖然是一股時代趨勢，但 7-11 當初如果沒有找台灣統一企業合作，要在市場上勝出也不大容易。7-11 之所以能崛起，便是因為其能充分地運用精確的物流管理系統這項優勢，以及熟悉台灣市場的統一企業，才打贏傳統的雜貨店。

2 如何在利基市場創造價值？

　　砲兵在發射砲彈時一定要明確地知道目標在哪，並請測量兵精準地測量角度、距離，才能準確命中目標，然後逐步攻佔目標達成最終的勝利；不僅軍事戰略如此，商場的行銷戰略也如出一轍。想創業的人在進入新市場時，一定要準確地知道自己主要的銷售目標為何，進行自我定位，才能在眾多競爭中脫穎而出。

　　而想要確保自己的產品或服務有好的銷路，獲得一個好的市占率，就必須選擇一個適合的目標市場。所謂的目標市場，是指企業進行市場分析並對市場做出區隔後，擬定要進入的子市場；而目標行銷（Target Marketing）是企業針對不同消費者群體之間的差異，從中選擇一個或多個作為目標，進而滿足消費者的需求，其主要包含三個步驟，又稱 STP 策略，步驟如下。

1 市場區隔（Segmenting）

　　依消費者不同的消費需求和購買習慣，將市場區隔成不同的消費者族群。例如：上班族或學生，高收入或一般收入。

2 選擇目標市場（Targeting）

　　評估各區隔市場對企業的吸引力，從中選擇最有潛力的一個或多個，

作為欲進入的目標市場。例如：我今天是一間網路行銷顧問公司，我會選擇中小企業為我的目標市場。

❸ 市場定位（Positioning）

決定產品或服務的定位，建立和傳播產品或服務在市場上的重大利益和優良形象。例如：創見文化出版社定位為出版財經企管、成功致富等相關書籍，語言學習類的書就不會在創見文化出版。

在鎖定目標市場進行行銷之前，創業者可先區隔市場，讓你的目標範圍更加精確。一般有以下幾種區隔方法供大家參考。

- 地區：北美、西歐、南歐、台灣。
- 區域：台灣北部、台灣南部、台灣中部。
- 人口密度：都市、鄉村。
- 氣候：熱帶、亞熱帶、溫帶、寒帶。
- 年齡：2 ～ 5 歲、6 ～ 11 歲、12 ～ 17 歲、18 ～ 24 歲、24 ～ 34 歲、35 ～ 49 歲。
- 家庭生命週期：年輕單身、年輕已婚無小孩、年輕已婚小孩 6 歲以下、年長已婚、年老夫妻、退休……等。
- 所得：低所得、中所得、高所得。
- 教育程度：小學或小學以下、國高中畢業、大學畢業、研究所。
- 宗教：佛教、天主教、基督教、回教、道教、猶太教。
- 族群：閩南人、客家人、大陸人士、原住民。

舉例來說，台灣新興的女性內衣品牌 Sub Rosa，就把自己的目標市場鎖定為二十八至三十五歲的輕熟女世代，這很明顯就是以性別、年齡與世代來區隔市場。

而另一家擁有五十年歷史的台灣奧黛莉內衣，則強調要「喚醒每個熟女心中的年輕因子，讓女性身形年輕十歲，是最符合東方女性體型與機能的領導品牌」，希望把市場區隔為熟女市場，而且是以台灣、亞洲市場為主。

市場區隔的目的是企業可以根據不同子市場的需求，分別設計出適合的產品。而市場區隔可分為以下五種層次：

1 大眾行銷（Mass Marketing）：

是指企業僅對某項產品大量生產、配銷和促銷。例如：可口可樂早期只生產一種口味。

2 個人行銷（Individual Marketing）

重視個人化因素，達成個人區隔、客製化行銷或一對一行銷。例如：幫客戶量身訂製整套西裝。

3 區隔行銷（Segment Marketing）

能確認出購買者在欲望、購買力、地理區域、購買態度和購買習慣等方面之差異，介於大量行銷和個人行銷之間。

4 利基行銷（Niche Marketing）

將市場劃分為幾個不同的市場，在市場中找出有特定需求的消費者，然後用差異化的產品或服務，來滿足這群消費者需求的策略。例如：針對餐旅服務業出版一本餐旅英語考試專用書。

5 地區行銷（Local Marketing）

針對特定地區顧客群設計滿足其需求的行銷方案。例如：米漢堡是針對亞洲市場而推出的米食產品。

而所謂的「定位」，在行銷學來說，指的是企業的產品、商店或服務在顧客心中的位置。我提供幾種普遍的定位方法供大家選擇。

1 以產品屬性

依據自已產品擁有的，而且是競爭對手所沒有的特性。例如：迪士尼樂園就宣稱自己是全世界最大的主題遊樂園。

2 以利益定位

找到產品跟顧客之間有異議或利益的需求點。例如：海倫仙度絲洗髮精定位為「治療頭皮屑的專家」。

3 以用途定位

安泰信用卡公司的安信 e 卡以「生活與家庭的信用卡」來定位。

4 以價值定位

高價位的賓士汽車及萬寶龍鋼筆，跟低價位的戴爾電腦、美國西南航空……等等。

5 以產品種類定位

例如 BMW 不僅有小型豪華轎車款，也有跑車系列。

6 以品質和價格定位

例如高品質／低價格，低品質／低價格，高品質／低價格。

7 以使用者定位

例如中產階級較適合開豐田汽車。

在理論上，我們雖然可以經由上述的方法來定位自己的企業或產品，但有些企業屬性或產品屬性，還是會有多元的情況發生，我們就以 Google 及 Yahoo 他們在市場上的競爭來做說明。

Google 對大眾來說，不但提供搜尋引擎的服務，還推出各種網路服務，像電子郵件、文件管理、地圖、影片的點閱、新聞內容……等，所以 Google 不僅是搜索事業也是服務業，而他的競爭對手，Yahoo 也同樣擁有這兩種事業屬性。但 Google 非常清楚地將自己定位為提供搜索事業，而不是內容事業，相較於一直以為自己是內容產業的 Yahoo，在沒有認清事業定位的情況下落後 Google。

還有一案例，AOL（美國網路服務公司）也同樣因為搞不清楚自己

的定位，而把社群產業的江山拱手讓給 Facebook，因為 AOL 一直以為
自己是提供內容的公司，但 AOL 其實早在 Facebook 或 Myspace 出現之
前，就有了聊天室和論壇，而且都非常受歡迎，可說是社群網站的先鋒，
只可惜錯認了自己的定位，因而被其他社群網站超越。

擴大差異化，勝出市場

在今日，不管是大賣場、百貨公司或美食街，那琳瑯滿目的商品與服
務讓人眼花撩亂，不知道到底要買哪個品牌的產品才好；在這樣的市場環
境下，消費者除了考量品牌效應及自己實際的需求，做出正確的選擇外，
廠商產品本身與其他同類產品的辨識度也顯得非常重要，一般最常見的作
法，便是以擴大差異化來勝出。下面跟各位創業者介紹幾種差異化的行銷
策略。

首先，要做到產品的差異化，建議創業者可以先思考一下，該如何讓
你的產品「在大環境中行之有理」，所謂的大環境指的通常是世界潮流或
社會的需求、經濟的環境……等等。我們以女性內衣領導品牌黛安芬的發
展史來說明。

在 1980 年代，有氧舞蹈運動風靡全球，黛安芬敏銳地觀察到女性在
從事運動時，需要穿著特別的胸罩，為此黛安芬因應社會需求推出具備良
好支撐、穿戴舒適的內衣設計。此外，1980 年代時裝也不再支配一切，
當時的女性想要展現自己更多樣化的面貌，在衣服穿著也是如此，因而讓
內衣外穿的風潮流行起來，於是黛安芬的設計師將精緻的內衣改良為可以
外搭的時尚上衣，穿搭在外套裡。

到了 1990 年代，世界瀰漫著一種自然風，人們開始追求自然環保無化學成分的材料，於是黛安芬又看到此市場動向，除了使用高品質的有機棉之外，連扣鉤與掛環也全都是無鎳製品。

　　從黛安芬成功勝出市場成為市場領導品牌的故事，充分證明只要「在大環境中行之有理」，就能擴大你的品牌與其他品牌間明顯的差異，並取得領導地位，不僅帶動產品的創新，更能解決當代社會的需求，進而創造無限的商機，這就是黛安芬「與時俱進、自強不息」的最佳典範。

　　再者，擁有「傳承」價值的企業或產品，也是讓創業者達到差異化的一大要素，而這就要從人們普遍缺乏安全感的原因來論述。一般來說，大眾選擇商品時，如果你是一個信譽良好的廠商，消費者通常會比較有購買意願；諸如標榜「百年老店」、「蘇格蘭威士忌」、「不朽的樂器——史坦威鋼琴」……等等，只要你本身傳承優良傳統，或代理這些擁有歷史的優良品牌，在市場上較容易勝出。

　　此外，在機器取代人工的現今，如果可以強調產品是遵照「古法研製」或「純手工製造」的話，也可以讓你的產品勝出市場。我以新竹的「百年老店東德成米粉」為例，東德成米粉與其他店家最大的不同，乃在於其完全遵照傳統來製作米粉，每根米粉都用純米研磨製作，天還沒亮老闆與老闆娘就起床磨漿，據了解，製作過程還必須忍受炙熱的高溫，著實辛苦。不過，東德成米粉卻因為堅持承襲這樣的製作方法，讓他們家不僅擁有品質、更有價值，一天能賣出近兩百斤的米粉。

　　另外，像產地的傳承也很重要，以美國來說，大家對其電腦與飛機製品比較信賴；以日本來說，只要是汽車或電子產品，民眾通常較容易接受；德國以機械工程和啤酒著稱；瑞士的話，則是以銀行業和手錶為領先

產業。

　　所以，各位創業者未來在考量創業自製的產品或代理的產品時，產地傳承與觀念也要加以考慮，這可能是你勝出的關鍵。以下舉一個錯誤的示範，奉勸你千萬不要模仿：標榜你的產品是阿根廷的高科技或代理自塞爾維亞車廠 YUGO 汽車，但阿根廷與南斯拉夫都不是該領域的佼佼者，消費者自然不會認同這樣的產品傳統。

　　強調產品自製、研發、創新而來，也不失為產品差異化的法寶之一，以台灣盈亮健康科技所生產的涼椅來說，它與傳統產品不同的是，不但有乘涼的性能，也同時兼具搖椅的功能，你可以坐在涼椅上搖啊搖，讓全身獲得高度放鬆；且頭部還有靠枕設計，坐久了也不會腰酸背痛，在整體設計上更符合人體工學。

　　而盈亮健康科技之所以能讓產品差異性拉大，那層層把關的安全檢測，及設計、研發、打樣的專業程序，誠然是其勝出的市場關鍵。

　　再舉一項產品創新的魅力，以「多芬香皂」來做說明。這個品牌在市場上的銷售成績始終相當亮眼，探究其能勝出市場的主要因素，就藏在包裝品牌名稱下的那一行字：保濕乳液。因為它含有保濕成分，有滋潤肌膚的功效，貼心地把保濕乳液的成分放到香皂中，讓多芬香皂一推出就受到消費者的歡迎。

　　附帶一提，不管是成分上的創新或功能、研發的創新，這在廣告上都是非常好的賣點，像克雷斯推出含氟防蛀的牙膏，含氟成分就是一大賣點，其他像是強調電力持久，品質優異的金頂鹼性電池……等，也是強調產品研發創新，在廣告上表現出差異性；且事實證明，消費者相當容易被這些看來專業、有效用的廣告詞影響。因此，創業家在想廣告題材時，可

將這點列入考量。

　　還有一種就是系統創新所形成的擴大產品差異性。以悠遊卡來說，只要刷卡感應就能通過閘門到月台搭車，這就是一種創新的作法，不但省力更省時，想想以前大家坐車都要先準備零錢或買票入站，但現在只要有悠遊卡，這一切都免了；而且悠遊卡還推出購物消費的功能，讓民眾能便利付款，省去找錢的麻煩。所以，當這一創新系統推出後，馬上就受到大眾的喜愛，讓各縣市交通運輸業也紛紛跟進，帶動了台灣交通運輸史的一大革新。

成功的訂價策略

　　如何為商品訂價真的是一門藝術，有時候訂得太高又怕曲高和寡、沒人買單；訂太低又會讓我們血本無歸，到底要如何拿捏分寸、恰到好處讓賓主盡歡呢？首先，我們先來看看在訂價方面，有哪些策略可以運用。

　　對創業主來說，最在意的就是訂出打入市場的價格，一般有以下幾種訂價方法可供選擇。

① 削去法
　　所謂的「削去法」是故意將初始價格訂得比市場的長期價格水準還高，然後再視競爭者與市場的需求變化，逐步削價。

② 滲透法
　　為了達到銷量，建立穩固的市場地位，有些業主會將產品的定價，訂

得比市場的長期價格水平來得低；但如果競爭對手廠商也跟著調低價格，彼此削價、惡性競爭，對於剛進入市場的創業者來說是非常不利的，所以在採用滲透法訂價時，創業者應該評估自己的市場生存能力是否足夠，只要把競爭者趕出市場，就可以擁有市場優勢。

而為了避免這樣的惡性循環競爭，有幾項促銷的做法是可以搭配「滲透法定價」一起來施行的，像使用需求導向的滲透策略。例如，許多販賣電腦和影印機的業者，將電腦和影印機的售價訂得比市場價還低，但藉由消耗品或配件（墨水盒、維修）的收入來彌補主產品的利潤損失。

再舉一個「需求導向的滲透策略」成功案例，全台最大烏克麗麗連鎖專賣店「台灣烏克麗麗」，在烏克麗麗的市場上市佔率超過八成；其訂價策略為一把烏克麗麗，只要 700 元就可買到，但因為購買者會為了學習彈奏烏克麗麗，再掏出上千元來買學習課程，甚至為了精進琴藝，再購買千元以上、更高階的烏克麗麗。

③ 差異化訂價法

如果創業產品比市場上既有的產品品質來得高，你就可以把產品的價格訂得較高些，或你的產品品質跟市面上其他產品的差異可能不大，但售後服務較佳，可以延長商品保固年限的話，那你就可以為產品訂個較高的價格。

像賓士汽車的價位訂得比較高，但消費者還是願意買單，因為賓士汽車非常注重售後服務，特別是維修服務，讓汽車的使用壽命得以延長，所以消費者願意以較高的價格購買，以避免沒多久就要再買新車的問題。

產品價格一經訂立後，也可因應其他因素來做調整，商品折扣就是最常用的調整方式，通常可分為數量折扣、現金折扣及淡季折扣。

- **數量折扣**

數量折扣通常是根據某一特殊時段實質的購買量而訂。例如，買千送百、買萬送千……等都是數量折扣的做法。

- **現金折扣**

假如消費者在指定時間內付清款項，賣方可以提供價格上的折讓。

最後，我們要介紹的是「免費」訂價模式，你可能直覺反應這是哪門子的訂價法，因為企業肯定是要賺錢才能繼續服務顧客呀，話雖如此，但其實有許多新興網路公司提供的產品全都免費，而且他們的公司一直向上成長，Google 就是最好的例子。

Google 到底是如何做到免費服務還能賺錢的呢？其實他們並不是首開先例，Google 只是效法電視台的作法。我們收看電視節目，電視台並不會向我們收錢，只會跟那些打廣告的企業收費，所以只要某節目的收視率高，該時段的廣告費就相當可觀；將這樣的邏輯套在網路企業也是一樣的道理，只要網路公司的點閱率或流量高，自然可以跟廣告商索取較昂貴的刊登費，網友一點費用也不用出。而 Google 的網路流量很大，光收廣告費能賺很多錢了，哪還需要其他產品來收費呢？

這一招後來《紐約時報》也學會了，《紐約時報》免費提供所有內容的閱覽，結果在短短幾個月的時間，就讓閱報人數提升 40％，而閱報人數的增加，讓《紐約時報》賺進更多廣告費，又帶來更多的點選與流量，

這就是網路免費訂價機制的操作模式。

在訂價時，除了參考同業的平均水準、預期市占率、現金流、可能動向及公司對個別產品或企業整體定位……等因素外，價位還要與消費者的認知價值（perceivedvalue）相吻合，像賓士汽車和勞力士手錶，這類品質高且價格高的產品，便為購買者提供了身分和地位的表徵。

由於利潤＝收入－支出＝價格 × 銷量－成本 × 產量，其中產量與銷量的差額為庫存量與滯銷品。因此利潤要高，不外乎售價高、成本和庫存要低；售價高靠的是產品差異化，而低成本與低庫存靠的則是管理。

大品牌（Rolex、LV、NIKE……）較不重成本，靠行銷創造差異性；而代工廠（晶圓雙雄、廣達、仁寶……）則不重品牌（指 B2C），靠大量生產來降低成本。

在微利時代，以總成本加 3％～ 10％為實售價，靠大量銷售來達成目標報酬率的加成訂價法，這不失為一個不錯的短期訂價法，薄利多銷；但你要注意，若是長期的訂價策略，你就要視市場價格的制定者或追隨者、與產品在生命週期中所處的階段而定，且降價促銷時，一定要師出有名，不管理由是實質上還是名目上的。

以經濟學的供需理論而言，商品在一定程度的調整後，必會達到供需平衡，接下來就要面對供過於求的失衡狀態，當市場呈現供過於求的情況，商品的價格必然會開始下滑，這是不變的鐵律。

當商品價格下滑時，企業會因為價格下滑導致利潤下降，進一步思考如何薄利多銷，好維持過去所擁有的利潤。一般來說，絕大多數企業在這個時候會以經濟產量來平衡固定成本，好讓每個單位的製造成本減少。

但如果每家廠商都用大規模生產去降低成本的方法，解決虧損的危

機，市場就會形成殺價戰場，最後整體銷售量雖然可能提升，但總體利潤卻反而下降！

　　競爭者為何可以發起價格戰爭？是因為它的產品功能或服務較少，抑或領導廠商本來就享有不低的超額利潤嗎？還是競爭者研發出成本更低的生產方式或商業模式（Business Model）？當然，競爭者也可能抱著「要死大家一起死」的心態「撩落去」，但削價戰不會持久，終會有人不支倒地！

　　當企業面對價格戰時，首先要對自身的成本結構做深入分析，其次是觀察市場上對價格敏感的顧客群是否真的日益增多了？如果企業具有核心競爭力或低成本的優勢，務必要讓對手知曉並表達抗戰到底的決心，以威懾對手不再進一步降價。如果你猶豫是要價格競爭，還是採取非價格競爭時，不要懷疑，答案是雙管齊下！

　　大企業面對削價戰時，要交互運用「差別訂價法」與「選擇訂價法」，但千萬不要讓消費者有過多的選擇；小企業則要全力發展利基型的邊緣產品（或生產主流產品，但利用邊緣銷售通路）。此外，在價格戰前、中、後，不斷以「賽局理論（Game Theory）」分析消費者、本企業、競爭對手與相關業者等四方面的動態相互關聯，隨時保持策略的彈性，有時全線退出（不跟你們玩了！）亦不失為一個好選擇。

3 品牌決定你的市場價值

　　桂格創辦人曾說：「如果企業要分家分產的話，我寧可要品牌、商標或商譽，其他的廠房、大樓、產品，我都可以送給你。」

　　宏碁前董事長施振榮先生也曾提出一個著名的「微笑曲線」，認為企業要創造更高的價值，只有靠兩種方式。

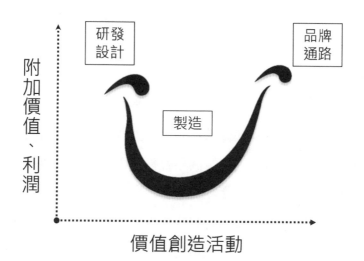

　　如上圖所示：一種是靠研發和設計，另一種則是品牌和通路。一個皮製手提包，只要印上「LV」的 Logo，售價就翻了數十倍，衣服加上 NIKE 的 Logo，價值也跟著水漲船高。所有價值取決於產品上的 Logo，因此無論是個人還是企業，對建立品牌這件事情千萬不能忽視，因為品牌所帶來的無形力量，是你所無法想像的。

品牌的概念是在十九世紀末二〇世紀初開始發展,當時從事手工藝的工匠們會在作品上留下註記,作為自己創作的象徵;而牧場的主人會為了辨識自己的牛羊,在牠們身上留下烙印,標示此為自己的財產。之後隨著零售業的成長和普及,廠商開始為商品命名,或用特殊的文字圖案來標示商品,這就是品牌的由來。

無論你走進便利商店、3C賣場、大型量販店,還是百貨公司等,看到的是數千數萬種商品,即使同一類商品,也有多達數十種以上的品牌。若消費者沒有一定要買哪一種品牌的產品,或各品牌的產品價格差異不大時,消費者通常也會購買他們最耳熟能詳的品牌。因此,我們要為自己的品牌建立多元的正面聯想性,以下五大方向供創業主參考。

- 特質

一個好的品牌要能在顧客心中勾繪出某些特質。比方說賓士汽車勾繪出一幅經久耐用、昂貴且機械精良的汽車圖像;假如一個汽車品牌未能勾勒出任何與眾不同的特質,那這個品牌肯定不是一個成功的品牌。

- 個性

一個好的品牌應能展現一些個性的特點。假如賓士是一個人的話,我們會認為他是一個中等年紀、較不苟言笑、條理分明,且帶有權威感的人士。

- 利益

一個好的品牌應暗示消費者將獲得的利益,不僅僅是特色而已,像麥當勞讓人聯想到高效率的供餐速度及實惠的價格。

- **企業價值**

一個好的品牌要能暗示出該企業擁有明確的價值感。賓士能暗示出該品牌擁有一流工程師和最新的科技與汽車安全的技術，在營運上也十分有條理並具有效率。

- **使用者**

一個好的品牌應能表現出購買該品牌的顧客屬於哪一類人。我們可預期賓士所吸引的車主是那些年紀稍長、經濟寬裕的白領人士，而不是年輕的毛頭小子。

根據美國行銷協會（American Marketing Association，AMA）的定義：「品牌是指一個名稱（name）、名詞（term）、設計（design）、符號（symbol）或上述這些的組合，可以用來辨識廠商之間的服務或產品，能和競爭者的產品形成差異化。」以下介紹四種品牌呈現方式。

1 圖案

例如：蘋果電腦的缺一口蘋果，四個圓圈圈的奧迪轎車，金色拱門的麥當勞……等等。

2 文字

例如：IBM、ASUS、HP、SK-II、BMW、eBay、Nokia、BenQ、Fedex、Coca Cola、Uniqlo、Zara、Canon、SONY……等。

3 文字與圖案的組合

例如：愛迪達三條線加上 adidas，國泰金控集團配上一顆綠樹，HANG TEN 加上兩隻腳丫……等。

4 象徵人物

例如：巧連智的巧虎、大同寶寶、麥當勞叔叔、肯德基爺爺、迪士尼的米老鼠及唐老鴨……等。

成為某領域、某行業或某產品的代名詞，是一個公司最寶貴也最具競爭力的無形資產，也是品牌價值。比方說，講到汽水你會想到什麼品牌？講到速食店你會想到什麼品牌？講到咖啡你會想到什麼品牌？講到便利商店你會想到什麼品牌？想到平板電腦你會想到什麼品牌？講到大賣場你會想到什麼品牌？講到國民服飾你會聯想到什麼品牌？

產品的品牌就像企業的門面。美國的奇異（GE）、日本的松下、中國的海爾都極度重視產品的品牌形象，這些企業產品不但品質好，售後服務和形象廣告也都十分完備，唯有讓顧客心裡覺得貼心，才能大規模的發展。就算發生企業危機，這些商譽本就不錯的廠商，也可以用之前深植人心的美好形象來挽救，讓大家覺得錯誤只是無心的疏失，進而原諒犯錯的廠商。

但多數企業總會以為產品的銷售量增加，就是品牌建立成功的結果，這是錯誤的觀念。因為銷售量的激增，可能是因為做了一堆能把業績推上去的促銷活動，而這些促銷活動並非常態，只是為了壯大產品聲勢而推行的暫時性計策，一旦這些活動停止，銷售量就會回到原先的水準。

產品品牌的知名度、商譽、忠誠度是需要長期的業績穩定成長來證明的，但有些企業會為了獲取短期利益，而不顧長期的考量，這樣絕對無法建立起一個良好的品牌形象。

其次，多數企業以為產品的品牌形象應該要日新月異，常常變化，這個觀念其實不完全正確，品牌的核心理念應該是固定不變的，唯有表達的手法可以有所差異。像可口可樂一直將產品的核心理念定位在年輕、歡樂，雖然可口可樂的代言人與表現方式常替換，產品的廣告也常更改，但始終朝著年輕、歡樂去塑造形象，讓消費者對可樂的印象趨於一致，這才是建立品牌的正確方式。

企業在做品牌時，如果沒有符合核心理念，選擇代言人時也是看誰當紅就選誰，完全不考慮品牌形象的問題，這樣的品牌塑造大多都會失敗。像台灣食品業界的老大統一企業，他們本想將觸角擴展到中國電腦業，把瀕臨破產的王安電腦買下來，試試看能不能再創事業的高峰，所以中國市面上曾經出現統一電腦，但銷售量卻不盡理想。

其實這是必然的結果，因為大家習慣把統一和餅乾、飲料、泡麵等食品畫上等號，消費者一時無法接受「統一電腦」，認為統一製造的電腦一定不如它的食品優秀；由此可見，擴張產品線雖然是一件好事，但如果不能堅守產品的定位，使新產品和舊產品的差異太大，對企業反而是沒有助益的。

整合行銷傳播學之父唐‧舒茲（Don E. Schultz）曾透過對眾多知名企業家、商業圈和代理機構的市場研究和問卷調查等方式，歸納出建立品牌的九大黃金法則。

- 品牌策略與公司整體策略要相互一致。
- 高級管理階層要深度參與品牌的創立。
- 設計一個合理的品牌與穩妥的企業識別系統。
- 公司對品牌要有 360° 的全盤認識。
- 優秀的品牌要能簡潔地表達企業的核心價值和承諾。
- 商標獨一無二,內含完整資訊。
- 在與客戶接觸時,品牌要能傳遞出引人注目的、連續且一致的資訊。
- 偉大的品牌是由內而外打造出來的。
- 隨時衡量品牌的傳播效果和品牌的經濟價值,以更進一步做出「品牌再加值」的動作。

孔子有這麼一段話,你以前唸書讀《論語》時應該背過,子曰:「必也正名乎,名不正,則言不順;言不順,則事不成。」這段話是說,我們做事要正名,這樣才能成功;其實賣產品與服務也是如此,為產品與企業取個響亮的名字,在行銷上確實能得力許多。像資生堂、凡賽斯、可口可樂、無印良品……等都是將品牌精神與產品內容做出極為巧妙結合的例子。所以,我們先來討論一下品牌命名的技巧與方法。

① 展現商品特性

一看到名字就可以了解產品內容。舉例:檜樂是檜木手工小物、愛媚為眉眼彩妝。

② 符合品牌個性

名字一看就道出品牌的宣言及企業形象。舉例：日本化妝品牌資生堂、台灣樂器及自行車品牌功學社、台灣連鎖書店品牌誠品書店。

③ 特別有畫面

一聽到產品名稱就能聯想畫面的。例如：方塊躲貓為鐵鋁櫃置物架。

④ 假借常用的詞彙

品牌名稱可能是相關語或同音異字，例如：經營居家用品的無印良品、經營喜餅禮盒的大黑松小倆口、經營婚紗店的 I Do 愛度。

此外，創業者在創造品牌名稱時，要特別留意不要太商業氣息，給人「促銷」的感覺；再者，品牌一定要有強烈的辨識度，好記、容易上口，最好中、英文名稱都要有。接下來，我找了一些品牌例子，透過成功商品的內容與其名字之間的微妙關係，讓創業者了解如何透過品牌名稱成功塑造品牌印象。

資生堂將品牌精神巧妙融入產品

資生堂這個化妝品牌可說是無人不知無人不曉。一般人望文生義的結果，一開始可能會覺得品牌名稱與產品無法做連結，但只要我們深入了解該公司的品牌宣言及其演進歷史，就能理解為何要取名為資生堂。

資生堂企業宗旨為「一瞬之美，一生之美」，字裡行間充分地透露了

資生堂想發掘更深的價值，進一步創造美麗的文化生活的企圖，其最終理想就是希望大家都能美麗的生活下去！而這正是資生堂當初設計品牌名稱的初衷。資生堂「Shiseido」取名源自中國《易經》中的「至哉坤元，萬物孳生，乃順承天」意義為「讚美大地的美德，因其哺育了新生命，創造了新價值」，所以資生堂一直以來都致力於生活品質的提升及追求健康、幸福的一貫理念。

此外，資生堂自創立以來，始終將西方先進技術與東方傳統理念結合，融合在其產品名稱、包裝以及品牌的推廣上，這也是品牌成功的一項特點。以 1965 年資生堂公司推出的「禪」香水為例，就是取法西方的芳香學，放入竹香、紫羅蘭、鳶尾花、丁香花、茉莉花等材料表現寧靜和自然的特質，但瓶身的設計卻充滿著禪味，包括精緻細膩的金色系花葉，據說設計靈感是來自於十六世紀日本京都廟宇。

從企業名稱到產品內涵，資生堂無不細心經營其品牌價值，並呈現出一貫的傳承理念，這是相當不容易的，但也是因為資生堂能將品牌宣言與產品內容緊密結合在一起，才能不斷衍生創新與追求卓越的企業目標。

所以，各位創業者千萬要注意，當你在為自家品牌命名時，務必想想更遠大的目標，你也許也能創造出跟「資生堂」一樣的品牌出來，一舉紅遍全台灣。

以上，我們僅就品牌名稱、企業宣言、產品的命名與產品行銷來做研究討論，企業要形塑一個品牌達到產品行銷的目的，是有許多方向可行的。接下來，我們來看看世界知名服飾品牌 VERSACE。

VERSACE 服裝設計擄獲人心

　　說到 VERSACE，我們不得不提其註冊商標上那個來自希臘神話中蛇髮女妖梅杜莎的形象，據說梅杜莎的頭髮是由一條條蛇所組成，髮尾即是蛇的頭，且她特別愛以美貌迷惑人心，只要和她對到眼的人即刻化為石頭。換言之，梅杜莎所代表的意象就是致命的吸引力，而 VERSACE 所追求的正是那種美的震撼力，一種充滿瀕臨毀滅的強烈張力。

　　在今天，很多女性都曾發誓一定要擁有一件 VERSACE，它的品牌魅力猶如一股強烈的颱風正席捲整個時裝界。前面幾段談論到品牌精神與產品內涵的關聯，在這裡，我們來聊聊 VERSACE 公司的作法。

　　以 VERSACE 的女裝服飾設計來說，豪華、快樂與性感是其主要特點，所以像寶石般的色彩、流暢的線條及不對稱剪裁都能充分地展現其奢華的高貴感，領口常開到腰部以下，套裙、大衣也都以線條為標誌；如此一來，更能將女性身體的性感表露無遺。創辦人也說過，他寧願過度地表現，也不願落入平庸。

　　除此之外，VERSACE 之所以能在市場大放異彩，人脈與廣告攻勢是不容忽視原因。品牌創辦人吉安尼‧凡賽斯（Gianni Versace）交友廣泛，尤其是廣告界的朋友、攝影師，透過與這些朋友的交往，充分掌握市場上服裝業的趨勢及動態。

　　此外，不光是廣告界的朋友，他也曾為已故的英國黛安娜王妃設計晚禮服，讓黛妃的活力與熱情呼之欲出，藉由黛安娜王妃的「示範效應」，成功在英國打響名聲，更因此傳遍全世界。常說名牌與名人始終脫不了關係，若由凡賽斯來看確實很有道理。

VERSACE 通常會在設計服飾的時候，就一併著手宣傳活動，尤其是 VERSACE 的產品介紹手冊，印製得非常精美，包括可愛卡通、時尚美術，超酷的模特兒也都在手冊中，令人愛不釋手，這樣相互傳閱的結果，品牌的名聲也不脛而走。

再者，VERSACE 服飾的製造與銷售也有一套，據說他們在服飾的設計、製造和運輸上，只要五週就可以完成，這樣的效率把設計製造與零售緊密連結在一起，在業界堪稱一絕，也難怪能在時尚精品界颳起巨大的旋風。

VERSACE 靠著精美的產品廣告手冊與廣告界良好的互動關係，成功讓品牌形象推廣出去，這都需要付出相當的金錢與時間才能換來，但若是用新聞稿，甚至創造個新聞事件讓媒體來採訪報導，不但不須花錢，效果有時更顯著。

就記者來說，每天所要跑的新聞很多，他們實在無法花太多時間聽你詳細講完遠大的理想，所以，店家通常會自行擬新聞稿給記者參考，讓記者能在最短的時間內了解重點，同時也讓店主能將產品與服務的大大小小事件鉅細靡遺地闡述清楚。至於要如何聯絡記者來採訪呢？除了平常就要與記者保持聯繫之外，透過各地方政府的新聞課轉發新聞稿及中央社的國內活動預告登記也是個可行的辦法。

新聞報導雖然可以引起大家的高度關注，但新聞價值的時效有時候只有一天，最長也頂多數十天而已；因此，如何將品牌的意象深烙在社會大眾的腦海中就變得非常重要。

4 航向無可匹敵的藍海市場

　　最後，我想跟創業者們討論，掌握利基市場後，要如何進一步創造「無人能及的市場」，先舉一個成功的案例——太陽馬戲團；這樣大家或許就能了解如何去找到這樣的市場，一舉開拓前無古人的境界。

　　在太陽馬戲團尚未在世界各地走紅之前，馬戲團的表演事業早已被列為夕陽產業，逐漸走向下坡；只要我們從整個馬戲團的組成元素來看，就可以了解箇中原因。首先，光是飼養馬戲團動物，並訓練牠們上台表演，這其中所花費的心力、時間與費用成本就非常高了！再者，馬戲團必須吹捧自己的明星演員，花大筆錢來包裝他們，但如果真要把這些明星與影視明星相比，民眾可能還是比較喜歡螢光幕上的影視紅星，所以仍有侷限性。因此，馬戲團若想在這樣的環境下，在娛樂市場上生存、獲利，簡直是難上加難；不過這樣的頹勢被來自加拿大的「太陽馬戲團」打破。

　　太陽馬戲團發現，傳統的馬戲團之所以經營不下去，主要是因為投入太多資金在尋找優秀的小丑與訓獸師，導致收支無法平衡，且節目內容也了無新意，無法吸引觀眾回流，再次前來觀看表演。太陽馬戲團分析市場現況後，決定不跟著市場走，想到另一種特別的表演方式，不但避免掉紅海市場上的激烈競爭，還建構出一個新的產品市場，引導消費者進入更高品質的表演之中，我們來看看「太陽馬戲團」的創新做法。

　　成立於 1984 年的太陽馬戲團（Cirque du Soleil），成員來自全球

二十一國，包括四百三十五名表演者，共約一千五百名成員的優秀表演團體；並在全球巡迴演出逾一百二十座城市，估計已有超過一千八百萬名觀眾欣賞過它們精彩的表演，太陽馬戲團超越人類極限的演出，帶給觀眾各式各樣的驚奇。

太陽馬戲團成功的原因在於它們不願跟當時主要的競爭對手玲玲馬戲團（Ringling Bros. And Barnum & Bailey，現已解散）互相競爭，洞悉到當時沒有人瞭望到的藍海，讓團隊走出紅色海洋的競爭之戰，邁向全新的領域。

太陽馬戲團體認到，若要開創出自己的藍海，就要徹底跳脫同行競爭，另闢蹊徑，吸引全新的客群。因此，他們「取消」了傳統馬戲團的動物表演和中場休息時間的叫賣小販，甚至「減少」了那些驚險刺激的特技表演。你可能會認為，這樣馬戲團還有什麼好看的？會有人去看嗎？事實證明，太陽馬戲團不但「提升」了原有的價值，還締造了前所未有的成功。

因為太陽馬戲團的轉型，「創造」出許多同業沒有呈現的表演——招募了一批體操、游泳和跳水等專業運動員，讓這些運動員站上另一座舞台，成為肢體藝術家，擴展了他們的競爭力；且運用絢麗的燈光、華麗的戲服、撼動人心的音樂及融合歌舞劇情的節目製作，創造感官上的新體驗。全新的表演模式，讓觀眾深深著迷，全都臣服為他們的忠實觀眾，有些企業團體甚至會直接贊助，邀請他們到當地演出，只為了一睹太陽馬戲團的獨特魅力；這些新客戶讓太陽馬戲團掙脫傳統的桎梏，走上藍海的道路。

太陽馬戲團的創新，是一種知識的轉化與共享後的結果，讓原本處於

紅海的馬戲團有再一次創新的可能。因此，當我們在尋找利基市場的時候，花一些腦筋從原本沒落的市場或產品，找尋最基本、最重要的價值，然後加以放大、增加或轉化，也許各位創業者也能發現產品的生機所在，不必掉入過度競爭，而自相掠奪資源的窘境，創造出無人可及的產品服務市場。

像諾和諾德（Novo-Nordisk）公司在 1985 年開發出的胰島素筆針，也是成功掌握藍海市場的好例子。在胰島素筆針還未開發出來之前，糖尿病病患注射胰島素時，需準備注射筒、針頭及胰島素，整個程序既複雜又麻煩，直到筆針這種簡便的注射器出現，才大大消除病患注射胰島素的不便利性，使胰島素筆針成為一個炙手可熱的產品，而這一切只因為諾和諾德公司留意到病患使用的需求，將之設計到產品裡，讓產品市場得以打開，創造當時無人可及的境界。

逆向思考，想到別人想不到的

在六〇年代香港房市崩盤時，華人首富李嘉誠採用逆向操作的模式，傾注全部資金收購樓房，當時大家都認為他瘋了，做出這麼不明智的決定，但事後證明他的逆反策略是成功的！

凡投資過股票的人都知道，每當股市到達一個高峰時，儘管新聞媒體、專家名嘴大喊上看幾萬點，前景一片光明，但你要知道，最好的時候也是最壞的時候。《易經》言：「物極必反。」凡是大家最看好的時機，就是我們戒心與防禦力最弱的低點，其潛在危險也就更大。在股價拉抬到較高位置時，主力往往開始拋售，但散戶卻認為時機來臨，亟欲乘勝追

擊；當抵達峰頂時，放眼望去只剩自己形單影隻，其他人早已另外擇地紮營。

那在詭譎多變的股市交易中，要如何成功地殺出重圍呢？聰明的投資者往往會在大家驚慌失措地拋售股票時，大量買進，因為這時正是投資績優、低價公司的最佳時機。所以，你要能抵擋住親朋好友、股市名嘴的遊說，保持冷靜，搞清楚思考模式，懂得善用逆反效應，不理會群眾的歇斯底里，固守自己的抉擇。

但這是件非常困難的事，第一，你必須跟自己的天性對抗。第二，當察覺投資環境樂觀時，你要勇於說「No」；反之，則要勇於說「Yes」。成功的投資者必須勇敢，在過度下跌時買進股票，而這才是考驗的開始，因為你必須要有強悍的毅力，堅持將股票多留在手上一段時間，等市場行情真正大起時再鬆手釋出。

股神華倫・巴菲特（Warren Buffett）的投資信念就是「在別人貪婪時恐懼，在別人恐懼時貪婪」，由於他擅長運用逆反效應，捕捉事物的本質，因而得以成功致富。環球投資之父約翰・坦伯頓（John Templeton）爵士也說：「在別人消極拋售時買進，並在別人積極買入時賣出，這需要極大的堅強意志，也因此能獲取最高報酬。」亦即當別人瘋狂時你悲觀，別人悲觀時你瘋狂，此即著名的「危機入市」一說。

但成功的投資過程也絕非全採用逆向操作，若處於長期的上升或下跌階段還是要靠順向操作。逆向操作只有在某個轉捩點才會發揮最大功效，這個關鍵點就是每隔幾年會出現的退場點、進場點，就像《易經》中的八卦圖從黑轉白、從白轉黑時，所出現的兩個轉折點。

「逆反效應」就是利用對方的弱點、我方的劣勢或在惡劣的環境條件

下創造勝利，想要逆轉得勝，先要具備掌握時代大趨勢的原則。

美國聯邦快遞（FedEx）創辦人弗雷德・史密斯（Frederick W. Smith）剛開始創業時，有人嘲笑他：「如果空運快遞的生意可以做，一般的航空業者早做了，哪還輪得到你！」但弗雷德始終相信在講求效率的時代，「隔夜送達」必然有可觀的市場需求，且他的送貨作業模式也與一般航空公司不同，所以他不屈服於旁人的嘲諷。果然，在逆勢操作下，聯邦快遞成為全球規模最大的快遞運輸公司。

而逆向操作據研究發現，若能在日常生活中注意以下三點，對提升逆反思維能力會有莫大的助益。

① 逆正常思維

所謂的正常思維，就是我們常接觸到的思考模式，但如果我們能將這些想法倒轉，可能會帶來另一種刺激。有位裁縫師不小心將一件裙子燒破一個洞，裙子的價值頓時消失，一般人會懊惱地埋怨自己，但這位裁縫師突發奇想，在小洞的周圍又剪了許多小洞，並飾以金邊，取名「金邊鳳尾裙」，後來一傳十，十傳百，鳳尾裙銷路大開，裁縫師將缺點轉為優點的作法，創造出驚人的經濟效益。

② 逆一般思維

這是與大眾日常認知有別的特殊思維方式。業者一般以「多數本位」來分析大眾市場，但具有「逆一般思維」的業者，則開發出「少數本位」專攻分眾與小眾市場，例如允許寵物進入家庭寵物餐廳；規定使用右手者，不得進入左撇子的商店等。

義大利商人菲爾‧勞倫斯創造的「限客進店」，便是採取這種方法，只允許七歲兒童入店消費，若成年人想進店消費，必須有七歲兒童作伴，否則謝絕入內。其他像是不准青壯年進入的老年商店、非孕婦不許進入的孕婦商店⋯⋯等，也都算限客進店。

　　美國連鎖賣場好市多（Costco）也是這種逆一般思維的成功實例，好市多有別於一般大賣場，若想進入消費，你必須先辦一張會員卡，並繳納 1,200 元的年費，才能入場消費。但即便規定如此，它依舊門庭若市，因為好市多內的商品，確實比其他賣場便宜，且商品多樣、琳瑯滿目，再加上會員制所帶來的神祕感，讓他們與大潤發、家樂福、愛買等並駕齊驅，甚至超越原先的量販賣場。

③ 逆流行思維

　　不追逐潮流，亦即所謂「爆冷門」的創新思維。就一般人的消費習性而言，某種物品價格上升，則需求減少；但具有逆流行思維的人，會隨著商品價格的上升，增加此商品的消費，以顯示自己不同於一般的社會大眾，即經濟學中的「炫耀性消費」。社會學大師皮耶‧布迪厄（Pierre Bourdieu），指出各階層會透過食衣住行、消費習慣、休閒活動與生活型態等方面發展出的不同習慣、愛好，進而創造出自身的差異性。例如款式、材質差不多的皮鞋，在百貨公司的售價比普通鞋店貴數倍以上，但還是有人願意買單，探究其因，消費者購買並非是為了獲得物質享受，有更大的原因是為了追求品味與心靈上的滿足，也因此有商家採用逆向操作方式來提高售價，營造出商品獨樹一格的名貴形象，從而加強消費者對商品的好感。

這種反其道而行的做法，應用在生活上確實衝擊力十足，當人們對常規性的方法習以為常，甚至對接收過多的訊息感到不耐煩時，適時應用逆反戰術，刻意「隱善揚惡」往往會產生「於無聲處聽驚雷」的效果。

美國墨西哥州高原地區有一座蘋果園，素以盛產高品質的蘋果聞名，但有一年下了一場大冰雹，嚴重損害蘋果外觀，若沒有妥善處理，將造成果園龐大的損失。園主苦思後，索性照實說明蘋果帶傷是遭受冰雹所害，而這恰好證明水果是由原產地直輸，轉劣為優，贏得顧客廣泛認同，不但解決滯銷之虞，還熱銷大賣。

那還可以如何善用逆反效應，殺出一片重圍呢？近年來，市場狀況普遍呈現負成長，臺灣每年倒閉的店面難以計數，但麵包市場卻有一間法國百年麵包店「Paul」反其道而行，不改其高價的奢華模式，店面裝潢華麗不說，其原物料成本更是令人不敢恭維，強調將法式庶民文化原汁原味空運來臺，且每位店員都要經過嚴格的訓練，必須學會簡單的法語溝通，對法國的歷史、地理也要嫻熟，忠實打造當地的用餐風情。即使一塊法藍夢麵包要價 600 元，平均消費價位皆在 400 元至 500 元之間，店內的買氣依舊驚人，破除不景氣市場。

打破常規、逆向操作是解決問題的「絕招」，但它也是一把雙面刃，運用得當，將發揮強大的威力；如果不分時機的胡亂運用，其結果將敗得一塌糊塗。以下提供創業者幾個運用反向操作，化危機為轉機的方法。

➊ 反向操作

從已知事物的功能、結構、因果等關係，來進行反向思考與操作。比如，壽險過往都是投保人於生前定期繳費，待去世後才由受益人領錢；但

日本一間保險公司卻逆向思考出「自己才是受益人」的年金保險制度，活得越久，領得越多，去世後反而領不到錢！這種針對壽險弱點所推出的產品，深受投保人的歡迎，讓該公司的保險業務大幅成長。

2 變相操作

在面臨問題時，若想不出解決方法，試著換個角度思考，也許就能產生全新的發現。曾被村民戲稱為「瘋子狂想家」的中國發明家蘇衛星，研發出「兩向旋轉發電機」，獲得聯合國組織的讚譽。翻閱國內、外的科技文獻記載，一般的發電機都是由可旋轉的「轉子」及固定不動的「定子」所組成，但蘇衛星卻透過變相操作，讓「定子」也跟著旋轉起來，使他研發出的發電機發電效率，比普通發電機高出四倍之多。

3 缺點操作

將事物的缺點轉變為優點，化不利為有利的解決方式。這種方法不以克服事物的缺點為目的，相反地，它將缺點化弊為利，找到處理辦法。例如當弧光焊接的放電頻率超過五萬赫茲時，會發出「嘰」的聲音。一般人都認為它是一種雜音，但日本三菱重工弧光音響的研發團隊卻不這麼認為：「既然一定會發出聲音，那這個聲音能不能聽起來更悅耳呢？」就是這個針對缺點的想法，使三菱開發出「弧光音響」，在大阪的百貨公司聖誕特展中大放異彩。

逆向思考與反向操作均需要有過人的膽識與勇氣，才能出奇致勝，獲得成功，所以，不妨也在生活中翻轉你的創意，或許真的能因此發現另一

片藍天！同樣地，當我們身處人生低點時，千萬不要氣餒、喪志，只要懂得善用逆反效應，將弱點轉為優勢，就能成為你邁向最高點的發軔！

現今是知識經濟的時代，科技日新月益，各家企業都強調「創新」，希望能在市場上獲取一席之地，因為一項新產品發表或一項新服務的出現，不用多久就會淘汰出局，所以對於剛起步、想創業的你，在現今的競爭環境中，創新更顯得格外重要，那什麼才叫做「創新或創意」呢？逆向思考或跳出框架的能力是否也算是呢？

以藍海市場來說，邊界並不存在，思維方式亦不會受到既有市場結構的限制，在藍海，一定會有尚未開發的需求，重點在於該如何發現這些需求。所以，不管是從供給轉向需求，還是從競爭轉向發現新需求的價值，只要能讓價值創新，就是藍海的生存原則；因此，唯有不斷積極創造，從新藍海中再開創新的海，即創造新需求和新市場，才能永立於不敗之地。

一週工作四小時的年輕老闆

要如何一星期只工作四小時，成功經營一家營業額 120 萬美元（約台幣 3,600 萬元）的公司，並四處旅行十多個國家呢？有位四十歲的美國人做到了，他就是年輕老闆提摩西·費里斯（Timothy Ferriss）。

「人生最大風險不是失敗，而是一直過著舒適又平庸的生活。」

費里斯究竟有什麼能耐，竟獲得如此高的關注？他高中時西班牙文學程被當，如今卻學會六種語言；幼時有閱讀障礙的他，連拼字都有困難，如今成為暢銷書作家；他更是第一位得到探戈世界盃冠軍（Tango World Championship）的美國人；1999 年得到中國跆拳道冠軍；而且他還曾在台灣創業過！1999 年春天，原本就讀普林斯頓大學的費里斯，因為論文問題，決定休學一年，到國外尋找不一樣的機會，因而開啟他與台灣的緣分。

大學主修東亞研究，對運動和健身有著濃厚興趣的費里斯，他認為無論是經濟發展還是健康意識，台灣都已達到成熟階段，所以決定到台灣看看，並試著成立連鎖健身俱樂部，雖然最後未果，黯然回國。

但隔沒多久，他又再度來到台灣，在中正紀念堂碰巧遇到 TBC 舞團（Taipei Breaking Crew，現已更名為 The Best Crew，專門推廣街舞），誤打誤撞成為舞者之一，甚至參加由台灣 MTV 電視台的錄影節目，這是除了台灣的美味海鮮外，最令他念念不忘的「台灣經驗」。

費里斯的人生像是好幾個人的濃縮總和，但他一開始其實也像你我一樣，大學畢業後，進入一家資訊公司擔任業務，可是他每天辛苦工作十二個小時，薪水卻是全公司第二低，只比總機高，因而決定自己創業當老闆。

他開始研究成立營養品公司的可能性，發現從生產到設計都可以外包，一點都不難，於是他跟銀行借了 5,000 美元，成立 Brain QUICKEN。正當他以為當老闆可以擺脫窮忙生活的時候，想不到是從一個坑跳進另一個坑的開始，雖然每個月有了 7 萬美元的收入，但每天卻得花上十四個小時工作，比以前還多、還累。

「我為什麼這麼白癡？為什麼我不能實現我的理想？我是哪根筋不對？」費里斯不斷問自己。這種勞碌的日子還要持續多久？該是設停損點的時候了。就在他感到筋疲力盡時，偶然讀到提出著名「80/20 法則」的經濟學家帕列托（Vilfredo Pareto）的著作，決定一試。

他思考兩個問題：我 80％的問題與苦悶是哪 20％造成的？我 80％的期望與快樂是哪 20％造成的？最後他停止聯絡 95％的客戶，拒絕了 2％的客戶，只留下 3％表現最好的客戶，他還找出能增加 80％營收的廣告，砍掉其餘的廣告，讓廣告成本下降 70％；沒想到客戶減少後，零售收入不減反增，短短八星期，營業額就從每月 15,000 美元增加到 25,000 美元。

他開始奉行「新富族」（New Rich）的生活，把工作在人生的順位，從第一位降到最後一位，他現在只做重要的事。「有二年的時間，我積極和來自不同國家的企業執行長及菁英們對話，才發現真正有成就的人，都不是工作狂。」費里斯說出他人生轉變的關鍵。

如今他的工作原則是能刪則刪，只選真正重要的事情來做。他認為：

「忙碌只是一種偷懶形式,因為你懶得思考和分辨自己的行動,致使你做的事都無關緊要。」從過勞的上班族轉變為逍遙自在的創業家,費里斯看似奇蹟般的生涯發展歷程,其實是一點一滴改變而成。如果你擁有清晰的頭腦去思考對的方法,以及勇於行動的執行力,也同樣可以擺脫超時工作的痛苦生活。

** 參考來源／Cheers 雜誌 88 期

創業也要有門路：
行銷&通路

大事都是由小事開始的。

Big things have small beginnings.

1 創業，不是盲目的銷售

　　如果人是理性的動物，那應該只會買自己「需要」的產品或服務，但在消費的世界裡，絕不是這麼簡單。如果人的消費行為真這麼單純，那可口可樂應該早就倒閉了，因為全世界賣得出去的飲料「理應」只有水，但可口可樂卻能成為世界大品牌；所以，創業不光是將產品賣出去，而是要把產品、服務、創意變成消費者心中「想要」的東西。

　　歷年來，男性假髮雖然未曾暢銷過，卻也銷售不斷。頭髮稀疏對我們來說，確實是個大問題，會令人感到自卑，感覺人生的冬天不遠矣，更不用說現在有越來越多的年輕人有少年禿的困擾。許多年近半百的中年人，頭髮會隨著年齡的增加而越來越稀疏，這屬自然老化現象；就像女人怕生皺紋一樣，總費盡心思地想辦法補救，於是乎，男性假髮、生髮產品、植髮……等產品、服務應運而生。

　　你的產品想大賣，不論設計或行銷，都應針對這種人性弱點來運作。我有一個朋友，開了一間專門賣「L」號以上尺碼的服飾店，他故意將「超特大號」的商品懸掛在店門口，希望每位上門的顧客，都在心中產生「還好我沒有這麼胖！」的想法，然後就多買了幾件 L 號的衣服回去。人們常為解決心理問題而消費，總會有人不在乎價錢而購買，所以，我們在創業時，可以試著玩玩這類行銷手法，讓事業加快步上正軌。

　　日本有位「創意藥房」的老闆，他曾將一瓶 200 元的補品，以超低

幾十元的價格販售，他推出這樣政策時，每天都有大批人潮湧進他的店中，把幾十元的補品搶購一空。不免讓人疑惑，這原先要 200 元的補品，現在用幾十元賣出，豈不是賠本生意嗎？銷量越多，營業赤字不就越大嗎？

但結果顯示，整間藥局的業績不但沒有出現赤字，反倒直直上升，這是為什麼？理由很簡單，因為來購買藥品的人，他們不只買促銷的補品而已，還會額外購買一些藥品，所以這些藥品利潤便彌補了赤字部分，還獲得極高的利潤。要知道人的欲望是無窮無盡的，當他看到某商店的招牌商品如此便宜，心中便會聯想：「那其他商品的價格一定也很便宜。」造成盲目的購買行為，成功利用消費者貪小便宜的心態。

這種「損益經營」的方式，在超級市場和百貨公司其實十分常見，所以顧客也不會再那麼容易上當，可這種行銷手段仍不容小覷。像百貨公司若有許多滯銷品、庫存，就會用類似半買半送的手段吸引顧客，讓消費者不小心又多帶了幾樣商品回家。

有個故事是這麼說的，從前有個乞丐，每天在廣場靠乞討維生，生活始終無法溫飽，有天他聽說附近有間專業行銷顧問公司，於是跑去拜訪那間行銷顧問公司的老闆，希望老闆能給他一些好的策略⋯⋯

老闆問：「你真的想讓收入增加十倍以上嗎？」

乞丐說：「是的！我真的想！」

老闆再問：「你姓什麼？」

乞丐回：「我姓李，木子李。」

老闆開始教乞丐。首先，要有自己的品牌，所以從現在起，乞丐就稱「叫化李」；但有了自己的品牌還不夠，乞討方式與競爭者要區別開來，

必須「差異化經營」，讓別人覺得你有個性、有特色，與眾不同。所以，在乞討的時候要放一個立牌，上面寫著：「只收 5 塊錢。」不管別人給多少錢，都只能收 5 元。想做大生意，就不能奢望把所有人都變成你的顧客，如果有人給 1 塊錢，就要對人家說：「謝謝！我只收 5 塊錢，麻煩您將 1 塊錢拿回去。」如果有人給 10 塊錢，那就要對人家說：「謝謝！我只收 5 塊錢，我再找錢給您。」

叫化李有點不明白：「啊？照你這個策略，人家給 1 塊，我不收，超過 5 塊錢，我也不能要，那我豈不是大失血了嗎？這可不行啊！」

老闆又強調了一次：「叫化李，你聽我說，你想在乞討業有所突破，就必須照著我的話去做！」

叫化李只好半信半疑地照做，在地布前放了個立牌，上面寫著：「我只收 5 塊錢。」過了不久，有人丟了 100 元到碗中，叫化李心裡很是掙扎，跟路人說：「謝謝。但我只收 5 塊錢，所以找 95 元給您。」結果那個路人回到公司和同事說：「我今天遇到一個很特別的乞丐，不！他應該是瘋子才對，我給他 100 元，他竟然說只收 5 元，找我 95 元。我這輩子還真是第一次遇到被乞丐找錢這回事！」

於是隔天，很多同事都跑去叫化李那確認，瞧個究竟，看他是不是真的只收 5 塊錢。很快地，叫化李只收 5 塊錢的消息便傳開了。後來有電視台的記者知道了這件事，特地跑來試探、採訪他，結果他真的只收 5 塊錢，叫化李因此上了電視新聞，名氣和人氣水漲船高，收入比以前高出十倍以上。

半年後，行銷顧問公司的老闆決定去看看叫化李的成果，來到叫化李乞討的廣場，沒想到現場人潮絡繹不絕，老闆好不容易才擠到前面。

「你找叫化李呀？他是我們老闆，他在對面，現在這裡由我來負責。」沒想到叫化李已經開放加盟連鎖了！

所以，創業就是這麼一回事，從「品牌」的差異化到「乞討方式」，不！應該說是「服務方式」的差異化，讓原本默默無名的乞丐起死回生，甚至建立加盟連鎖系統，真令人拍案叫絕！唯有讓你的產品與其他競爭者的產品產生差異化的效果，才能讓人有耳目一新的感覺，進而提高消費者的心理佔有率（Shape of mind），引發消費者購買心動的動力，避免落入同質性過高所造成的削價競爭的紅海之中。

差異化可從產品、形象、功能、服務、人員等方向著手，製造獨特性和銷售力。而定位是企業為產品、品牌、公司在目標市場上發展獨特的賣點，定位良好的獨特賣點須能以簡易的方法和消費者溝通，以顧客的利益為優先考量，而不是以產品本身為首要標的。換言之，公司必須具體塑造出期望的定位和獨特性，才能在眾多選擇中脫穎而出，讓產品在消費者心中占有一席之地，順利引發消費者購買的動力。

1 概念差異化

獨特的產品概念可以創造獨樹一格的差異化效果，讓人有耳目一新的感覺，從競爭的角度而言，可有效避開競爭者干擾，凸顯差異性。舉例來說，在汽水市場當中，七喜汽水這種透明的清涼飲料，就是為了和可口可樂、百事可樂競爭廣大的清涼飲料市場，巧妙塑造「非可樂」的產品定位，此一概念的改變，就具有差異化的效果。而清潔劑生產廠商也將合成清潔劑賦予非肥皂、洗衣粉等新定位，有異曲同工之效。

② 形象差異化

　　這個方法是要讓消費者覺得公司形象比競爭者更勝一籌，重點在強調及傳達獨特的產品形象，不一定是強調產品功能。形象雖然有抽象及摸不著邊際的感覺，但用來作為產品定位的要素，除了具有加分效果外，還不容易被競爭者模仿。聯邦快遞標榜「使命必達」，為服務做了定位；Lexus 汽車傳達「追求完美，近乎苛求」的品質定位；萬寶龍鋼筆塑造出「The art of writing.」的絕佳定位，這些都是在產品形象上尋求差異化定位的案例。

③ 功能差異化

　　利用產品的重要內涵、屬性、功能、用途等特徵，塑造出跟競爭者之間的正面差異，是產品差異化定位的有效途徑，也是消費者最容易感受產品差異化的方法；而產品屬性包括產品多樣性、品質、設計、特徵、規格、保證等，這都是廠商用來凸顯產品差異化的要素。

　　保力達強調「漢藥底，固根本」，維士比標榜「採用人參、當歸、川芎等高貴藥材製造」，分別在勞動階層市場塑造「明天的氣力」及「健康，福氣啦」簡單直白的產品定位。至於大眾廣泛使用的手機也不再是單純接聽電話，而是兼具傳簡訊、收發電子郵件、看電子新聞、照相、遠端遙控等功能的「智慧型」手機，為產品找到全新的定位。

④ 服務差異化

　　紅花須有綠葉陪襯才足以凸顯，服務差異化是呈現產品附加價值的一種方法，許多廠商感受到產品同質性愈來愈高，紛紛轉向服務差異化。以

台灣的披薩市場來說，達美樂披薩率先提供外送服務，「達美樂，打了沒」的差異化服務給人留下深刻印象；麥當勞也看準外送市場商機，提供二十四小時外送服務；全國電子則標榜一天內到府安裝及優良的售後服務，打造「足感心ㄟ」的形象。

⑤ 人員差異化

　　事在人為，產品差異化就是人員差異化的結果。員工經過嚴謹訓練，不斷充實新知及實踐服務理念，培養出比競爭者更優秀的服務人員。金融、保險、資訊、航空、百貨、直銷……等業者，都在人力資源發展上投入可觀資源。

　　要使員工做到一致性的差異化相當不容易，這需要透過企業文化的薰陶與理念的實踐，但做到一致性差異化境界公司，能給人留下深刻的印象及讚賞。像王品集團，他們為了使旗下的員工和其他同業有所區隔，每位員工都要接受嚴格的教育訓練，參加魔鬼訓練營，我想這就是他們靠服務，將年營收突破百億的成功關鍵吧！

　　最後，我們來談談所謂整合行銷的概念，其實這跟軍隊打仗時，將領如何整合海陸空及後勤單位聯合作戰的道理差不多。以現代化的戰爭來說，都是先使用轟炸機針對主要攻擊目標來投彈，然後再派地面的砲兵部隊、坦克車及步兵來進行全面掃蕩；同樣的，在打銷售戰時，通常電子媒體廣告、報紙廣播廣告或是新聞事件的操作……等，就好比是轟炸機投彈，這些活動訊息能以最快的速度傳達到消費者的眼睛或是耳朵，讓他們對你的產品有一定的印象，但這時消費者不見得會馬上認同你的產品與服

務，若想讓他們購買，就要像作戰時的地面部隊做進一步的掃蕩，進行面對面的銷售攻勢後，才能確定購買行為，這些活動包括直接銷售、零售活動，批發銷售⋯⋯等等。

　　一般來說，在戰場上空軍都是支援的角色，最後的主角還是以陸軍為主，同樣地，在銷售通路上，廣告、公關、新聞活動事件也都是支援的角色，真正攻城掠地的是第一線的銷售人員。所以企業主在運用整合行銷的策略時，一定要了解這主從關係，否則投入太多成本在廣告上卻沒達到目的，這樣就得不償失了。相對地，如果既不打廣告，也不靠製造新聞事件來打開銷售通路，僅一味地靠第一線銷售人員辛苦的採取地毯式推銷，這樣的做法也會讓銷售人員疲於奔命而達不到預期目標；所以，建議各位創業家要好好規劃整合行銷的計畫，以免銷售目標沒有達成，還造成不必要的麻煩和資源的浪費。

2 替你的創意找到市場

　　塑造品牌、打造熱門產品之前，除了考慮消費者的圖像思考與品牌故事外，最重要的就是替創意找市場。如果你有好的創意，又覺得這個創意能帶來可觀的收益，但卻苦於不知該如何去實行，那創意永遠只能稱為創意，不能替發想者帶來切實的利益，這對人、對事都是一種「浪費」。那我們又該如何去避免這種「浪費」，為自己的創意找到消費市場呢？

❶ 找到切入點

　　當你腦中迸發出一個好的創意，先調查市場有沒有一樣概念或類似的產品，如果有類似的，可是該產品不及於你的構想，無法有效解決問題，或市場上根本沒有的話，那此時便是你進入該市場的最佳時機。

　　有位男子在岳母家上廁所，上完後他覺得氣味特別難聞，為了避免尷尬，他只好把自己關在廁所，等氣味淡一點再出來，因而產生一個想法：「如果上完廁所，異味能馬上消除就好了。」接下來的一整年，他都在想這個問題：「如何徹底把氣味去掉，而不是用芳香劑來掩蓋他們。」所幸，他終於找到一個辦法，把它稱為「只要一滴」的氣味綜合劑，上完廁所後只要滴上一滴，異味就會神奇地消失。

　　剛開始，男子把產品拿給身邊的親朋好友試用，大家都非常讚賞他的創意，後來他找到製造商生產自然無毒的產品，很快就賣了近百萬套，這

就是他利用自己的創意，解決了同類產品無法有效解決的問題。

② 保護好自己的創意

　　當你有個非常好的創意時，首先，要學會把它保護起來。因為創業者從發想創意到創意變成商品進入市場，需要一定的時間才能完成，而這期間，你可能會有意、無意地不小心將構想洩漏出去，如果對方是常人也罷，萬一對方是一位精明的商人，那他很可能抓住你還沒申請專利這一漏洞搶先註冊，這樣不但創意被人奪走，還可能連這期間研發用的花費都付之東流。

　　所以，當你覺得自己的創意所帶來的收益，會高於申請專利的費用時，千萬不要嫌麻煩，專利可以避免他人在本國製造、使用或出售該發明，進而有效地保護自己。

③ 找到支撐點

　　如果你的創意能在市場上佔有一定的優勢，那你就要想好今後幾年，該如何繼續保持這種優勢，且競爭並非只有直接競爭者，還包括其他的替代性產品；其次，你還要想你的目標客戶是否會認同你的解決方案；最後，在這個行業裡，你最好要有合作夥伴，能在你不能獨立支撐時給予幫助，這樣，才能保證你的創意在市場良性成長。

④ 投資行動

　　前期工作準備完成之後，你得決定要為這個創意投入多少？首先，要確定創意產品的生產方式，預計透過什麼管道銷售，產品定價多高……

等，以計算成本。即使你有很好的創意，但如果生產成本過高，導致售價居高不下的話，那你堅持下來的希望就不大，所以你的價格一定要在消費者能接受的範圍內，否則就算是再好的創意，消費者也不會買單。

5 確定行銷方案

在創意產品進入市場之前，要先找到銷售管道。創業者通常會因為積壓了大量的庫存卻賣不出去而跌跤；銷售將產品和消費者連在一起，哪怕再好的產品也要經由銷售才能到消費者手中，所以，一定要為自己的創意找到最好的行銷方式。

有位創業者想把產品推到連鎖商店銷售，但遇到一個困難，他發現合約裡有一筆驚人的上架費用，為此感到相當頭疼，他勢必得先支付這筆費用，才能順利上架，但這筆費用為數不低，可能導致他還未開拓市場就先破產。

但他並沒有因此退縮，反而發現另一種更好的方法來銷售自己的產品。他發明了一種「實驗包」，把產品掛在架子四腳上，這樣不會使用到貨架的檯面，還可以在超市任意地方移動，解決原先上架費的難題。

行銷是一門藝術，它是將產品展示給消費者的一種表現方式，妥善利用行銷策略，能替自己的創意產品找到良好的銷售模式。一個好的創意，能讓創業者收到可觀的利潤，但大多數的創意，多半產生後就卡住了，不知如何將創意變為產品，再將它變成賺錢的資本，缺乏一套可行的方案。所以，創業者除了研發創意外，還要找到可以嫁接的橋樑，連接彼此，這樣才能為自己的創意找到市場，替自己的事業和產品賺取利潤。

迪士尼先生之所以打造出迪士尼這個遊樂園，是因為大人不知道該帶小朋友去哪裡玩，所以迪士尼從「玩樂」出發，為自己的故事創意找到觀光商機。迪士尼以「賣故事」做為市場定位，然後為故事創造市場，但找市場前要先找到行銷通路，而迪士尼的行銷通路就是「媒體」，所以迪士尼從電視、電影、書籍、遊樂園等媒體販售它的故事。

　　從迪士尼的案例來看，可以發現創業者只要有辦法找到、掌握行銷通路，好的創意絕對能銷售到市場上，不管任何產業皆是如此，生技醫藥產業是最好的例子。生技醫藥需要靠行銷通路，才能把生技醫藥創意銷售到市場上，掌握行銷通路的生技醫藥廠才是最後的贏家，因為大部分的生技醫藥專利技術，會被大型生技醫藥廠掌控；小公司的生技醫藥專利技術雖然也很有前景，但礙於通路問題，而難以跟大廠抗衡。

　　一位生技醫藥總經理提到，他從台大醫學院畢業後，前往美國進修，因而了解到生技醫藥產業若沒有通路，就算擁有再好的創意，也一樣是走投無路。所以，這位經理創業之初，和七位同是醫學與藥物背景的博士朋友合作，決定以創新商業模式找出突圍之路，他和來自台灣、中國、美國共八位博士組成「創業聯盟」，將彼此可以取得的專利技術，集合成一個能交叉運用的知識平台。

　　這些生技博士，分別在各大生技公司擔任過要職，他們將一般創意找市場的策略稍加更改，決定先找通路再找市場，這種逆向行銷的創業方式，不是先開發新產品再找市場，而是先了解行銷通路需要哪些產品，再針對這個行銷通路發展創意、開發產品。這些博士們從行銷通路中了解，美國市場被各大廠緊緊抓住，並沒有他們的生存空間，只好轉而先從亞洲市場尋找行銷通路，有了市場、通路後，市場需求就很清楚了，知道市場

需求後，博士們便能在交叉運用的知識平台，取得相關專利及技術，迅速製成產品。

這些生技博士於 2005 年正式成立公司，為美國食品藥品管理局（FDA）級威爾康大藥廠及金巴克實驗研究中心指定技術授權公司。團隊的核心技術是開發糖尿病、新陳代謝症候群的標靶式新藥，短期以生活保健食品、機能性飲料及美容保養品的授權行銷獲得利潤，以支持中長期新藥的研發。

一般創意市場開發以「正向市場開發」為主，先從發展創意研發開始，研發出新產品後，再分析行銷通路，從通路挖掘市場需求、切入市場。但這些生技博士卻將創意核心研發留在擁有最先進技術的美國，從行銷通路找市場需求，挖掘到市場需求之後，再以創意研發出新產品，滿足市場需求，這一連串的過程稱為「逆向市場開發」。一般市場開發程序可分為兩種：

- **正向市場開發**
發展創意研發→分析行銷通路→挖掘市場需求→切入市場。
- **逆向市場開發**
分析行銷通路→挖掘市場需求→發展創意研發→切入市場。

不管用哪一種方向為創意找市場，創意的市場定位就像一張展開的行銷通路地圖，每個經過商品化的創意，在這張地圖中都有一個特定的位置。因此，為創意找市場地圖前一定要先想想：

- 這個創意與哪一項研發專利相近？
- 這個創意在市場上有哪些品牌互相競爭？
- 創意的競爭優勢，有比其他品牌強嗎？
- 有目標或榜樣可參考嗎？
- 創意商品化之後，要訂價在哪一範圍？
- 創意設計與品質水準為何？
- 創意商品化之後，以什麼通路來促銷？
- 行銷對象是誰？

以上這些問題，一方面可檢視創意的市場定位是否正確；一方面也可利用行銷通路來判斷創意商品化之後的市場定位，看是否真的符合實際情況，並考量這個創意是否符合賣場定位與需求；另一方面也有助於建立產品在顧客心中預期的形象。創意商品化的市場定位，就如同一齣戲劇裡的角色，市場定位正確後，才能將好的創意推入目標消費者心中。

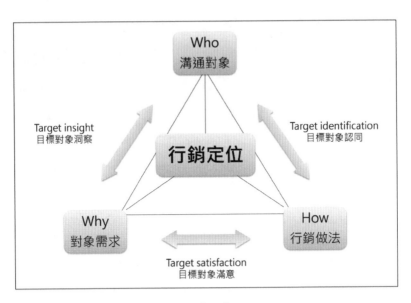

T 型三角

 精準行銷，讓銷售變多餘

創業的第一步，除了訂價格、找通路、想廣告的階段，還要先決定：「誰是你的顧客？」、「你打算把東西賣給誰？」當代行銷學之父菲利普‧科特勒（Philip Kotler）就很喜歡拿這個問題去問業主，提醒他們回頭想想顧客的樣貌，而他最討厭的答案是：「每個人都是我們的顧客。」曾有一間百貨公司的高階主管就告訴他，自家商品可以賣給「所有人」。科特勒接著問，那有很多年輕人到店裡買衣服嗎？對方卻回答沒有很多，但他們的媽媽會來買東西。科特勒回答：「那你為什麼不主攻真正喜歡該商品的客層，而是吸引每個人到你店裡消費呢？」

一項產品通吃整個市場固然很好，可假如你不是市場的第一人，勢必會淪陷於紅海競爭之中，所以最好要有差異化。那要如何做出有意義

的差異化？這就需要市場區隔與定位。科特勒曾說：「有效的行銷，是針對正確的顧客，建立正確的關係。」具體的方法就是透過市場區隔（segmentation）→選擇目標市場（targeting）→定位（positioning）的過程，集中行銷火力在較願意埋單的人身上，為你的創意、產品、事業找到真正的市場，才不會做了一堆活動，卻帶不進任何客人。

好，相信各位創業主已經了解市場的開發程序，那我們現在就可以透過 STP 法則找出市場。

① S → Segmentation（市場區隔）

先找出所屬產業有哪些市場區隔，區隔的方式包括年齡、性別、人生階段、職業屬性、消費能力、消費動機、生活型態……等等，再從中選出最適合切入的一個或數個市場區隔作為標靶。而市場區隔有幾點必須考量：

- 是否可以明確辨識？
- 市場是否能有效觸及並獲利？
- 市場對不同的行銷策略是否有著差異性的反應？
- 是否會經常變動甚至消失？

比如開麵店，在思考市場區隔的時候，你是賣一碗 50 元不到的涼麵，還是賣一碗 200 ～ 300 元的牛肉麵，這其中分為低價消費市場與高價消費市場區隔，創業者必然先了解自己的手藝，做哪一個市場最適合，決定了市場方向之後，才可定位出自己的產品。

當年西南航空（Southwest Airlines）觀察到美國各城市間長途巴士的旅客人數一直穩定成長（可辨識、可觸及、可獲利），於是規劃了各城市間密集且廉價的航班，吸引了不少巴士的旅客們來轉乘（消費者對西南航空的行銷策略有反應），並配套不對號入座等簡化程序，且服務親切又活潑，使西南航空成功從美國的地區性航空公司，成長為全球獲利最高的航空公司。

② T → Targeting（目標客群）

目標客群鎖定，是針對消費者的消費行為預測，例如預測喜歡吃麵的饕客，不會在乎價格的高低，他們較在乎吃的感覺與用餐的氣氛。基於這個假設，開一間有質感的炸醬麵店，鎖定喜歡吃炸醬麵的饕客，這些人可能會願意付出高於市價兩倍價格來吃好吃的炸醬麵。如果再把店面變成精緻的餐廳，便可以吸引到喜歡精緻美食，講究用餐氣氛的客群。

③ P → Positioning（產品定位）

決定市場區隔之後，開始制定品牌或產品的差異化策略，為其產品定位。沒錯！我們要研究的就是定位，你的產品使用者是誰？產品會被怎樣使用？潛在顧客在哪兒？他們為什麼要用你的產品？

以麵店為例，有間網購精品炸醬麵「雙人徐炸醬麵」，在網購市場小有名氣，因而決定開設實體店面，地點就位於內湖高級住宅區。當時市場區隔定位在中價位消費市場，產品定位為一份炸醬麵餐點 120 元，但這樣中價位的餐點，一般麵店 5、60 元也可以吃到，所以，他們為了區隔開中低價位市場的競爭，將產品改定位於高價位消費市場，賣一份 500

至 600 元的炸醬麵，將傳統的炸醬麵轉化為法式料理，搭配紅酒，加上細膩的餐點解說及桌邊服務，成為高檔料理。執行成果也果真比預期好，吸引很多名人前來用餐，分店也一家一家的開。

現代消費者的行為已無法精準預測，如果用傳統 STP 法則，恐怕很難被挖掘出來，生活表象容易歸類，可未必是人心真相；尋找潛在顧客就好比採礦，如果 STP 是淺層開挖，那人性就是將潛在顧客深層開挖。這裡提到的炸醬麵店，搭配品牌本身擁有的資產與特質，看出現代客群對食物的要求在於質感，只要掌握食物質感，那忠誠的目標客群自會浮出，這樣你還會擔心自己沒有市場嗎？

各位創業主們，千萬要記住，一直往前跑也不過是在原來的位置稍微前進而已！你必須要以十倍數加速，才能跳脫原來的位置，但前提是你的方向必須正確才行！

3 你的創意能往哪裡銷？

　　當你創業之後，有了屬於自己的產品，同時也找到所謂的利基市場，知道主要的消費客群是誰，那接下來就要想想怎麼推廣自己的產品，並將它成功賣出去。一般來說，「如何賣」牽涉到兩個層次，一個是「銷售技巧」，另一項則是「尋找通路」，這兩者是互為表裡、同時存在的，就看創業家如何運用。那我們先來討論通路的問題。

　　所謂：「掌握通路就是贏家，掌握通路就是霸主。」再好的產品，若沒有銷售通路，就無法接觸到顧客，說再多也是枉然。我們先來了解一下商品的行銷通路結構，再討論如何規劃行銷通路，一般製造商在完成產品之後，可以選擇直接賣給消費者，像逐戶推銷、直接郵購、電話行銷、電視行銷、網路行銷或自營零售店……等。

　　以台灣功學社樂器為例，全國都設有他們的自營零售店，但不是所有企業或製造商都有那麼多的財力，能去建構全國的通路門市，即便是有，但只要想到必須處理那麼多的後勤管理工作，像倉儲、分裝、運輸……等，那不如將這些工作全交由通路或代理商來負責，不管是在時間還是利潤上的考量，都比較有利些，因而產生了許多中間商。我們現在就來介紹這些通路商，以提供創業者們參考。

① 零售商

許多大型零售商店都可以直接向製造商進貨，然後轉賣給消費者，且這些商店通常位於交通便利、人潮集中的地點，像車站或商圈一帶，諸如：7-11、SOGO 百貨公司……等都是。

② 批發商

批發商通常會向製造商購買商品，再轉售給零售商或產業用戶，他們不直接服務於個人消費者，因而屬於中間商的一種。

③ 代理商

顧名思義就是代企業打理生意，並非買斷企業產品，產品的所有權仍屬於企業所有，而不是販售的商家。且他們沒有自己的產品，只是代企業轉手賣出去，所以「代理商」一般指的是賺取企業代理佣金的公司。

在了解以上各種通路商之後，我們再來看看消費品的行銷通路大概會有哪些類型，請看下頁說明。

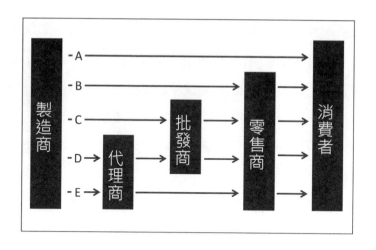

- **A 途徑**

產品由製造商生產後，直接銷售給消費者。

- **B 途徑**

產品由製造商生產後，經由零售商轉賣給消費者。

- **C 途徑**

產品由製造商生產後，經由批發商賣給零售商，再由零售商賣給消費者。

- **D 途徑**

產品由製造商生產後，經由代理商賣給批發商，再賣給零售商，最後才賣給消費者。

- **E 途徑**

產品由製造商生產後，經由代理商賣給零售商，然後再賣給消費者。

雖然企業在選擇通路途徑有上面五種模式，但為了接觸不同的市場，擴大市場涵蓋面，有越來越多業者採用多重通路行銷，利用兩條以上的行

銷通路去接觸顧客群體，像雅芳公司便同時使用兩條通路來銷售。

雅芳公司自 1982 年進入台灣市場時，採用的即是單層次的直銷方式，由訓練有素的雅芳小姐直接向顧客銷售護膚品、彩妝品等多項產品。但 1995 年之後，雅芳改採直銷與店面並行的多重通路來銷售，先後在康是美藥妝店、屈臣氏連鎖店及家樂福量販店設點販售，如今也有了網路線上購的服務。

企業一般在做通路決策時，很少只用一條路徑來操作，即便是採用一種路徑零售商，也有便利商店、百貨公司、超市……等，因此，如何避免通路間的衝突，提升通路的整體績效相當重要。一般而言，行銷通路的整合，可分為水平通路整合及垂直通路整合，介紹如下。

① 水平通路整合

像台灣連鎖便利商店與金融機構的結盟就是最好的例子，統一超商與中國信託銀行合作，讓其 ATM 機台進駐 7-11 店內；全家便利商店與國泰世華銀行配合，將 ATM 機台設置於各門市；OK 超商也與台新銀行結盟，導入「鈔便利」ATM 系統。

② 垂直通路整合

由中央規劃及管理的行銷通路，以避免通路資源重複投資，達到整個通路的效率及利益最大化，像統一企業投資經營 7-11 就是公司系統通路的最佳範例。

雖然透過通路整合，可以提高產品銷售的效率，但礙於通路商大多為

獨立的主體，如果有某些成員為了自身的利益，而損害到其他成員的利益時，就會產生衝突。我以台灣華歌爾在民國 69 年所發生的女性內衣專櫃自百貨公司撤櫃的事件來說明。

民國 60 年，台灣百貨公司興起，以現代化、明亮、舒適的購物空間，成為全台最大的銷售通路，華歌爾自然不會放過這股新興通路的經營，只要有百貨公司成立，華歌爾一定積極爭取進駐。百貨公司雖然是當時極受歡迎的銷售通路，但他們會自行推出各式各樣的價格促銷活動，進駐的品牌無法自行左右價格；而且只要百貨公司進行低價促銷，就會影響到華歌爾專賣店及零售商的生意。

華歌爾屢屢向百貨公司反應，但都沒得到正面的回應，一直到民國 69 年，華歌爾公司聯合黛安芬、奇士美、佳麗寶等美妝、內衣同業聯合撤櫃，才讓百貨公司不得不退步，讓通路市場恢復原有的秩序。

從這個例子，我們看到通路業者的霸道行為讓廠商傷透腦筋，還好華歌爾的市占率高，再加上其他著名品牌一同響應，才使品牌與通路間的衝突降低。因此，企業與通路商做出良性互動的溝通是非常重要的。

比較特別的是，在這次事件中，華歌爾除了品牌強勢讓百貨公司不敢不讓步外，華歌爾具有高度專業知識的銷售員，也是讓他們勝出的關鍵所在。撤櫃事件一開始，百貨公司有恃無恐，自己派銷售員販售，照樣進行折扣大戰，銷售華歌爾在百貨公司內的庫存，但日子一天天地過去，百貨的銷售員就是賣不動華歌爾的產品；原來，內衣需要高度專業知識，這是穿在身上的貼身用品，替客人挑選舒適且合身的內衣，並非那些只懂銷售技巧的銷售員所能勝任。

這些專業訓練，包括為客人量尺寸的小動作，甚至連布料的拿法都有

特別規定，避免碰到客人的身體，而且華歌爾專櫃小姐除了要知曉華歌爾的品牌理念之外，對公司的經營方針、人體知識與如何應對客人……等，都有經過專業的培訓，這也是華歌爾致勝的關鍵所在。

各式通路的特性及進軍方式

接著，我們來介紹不同種類通路的特性，讓你選擇通路時有一個概念，以提升銷售績效。

❶ 百貨公司

百貨公司內每條產品線均由一獨立部門來管理，有服飾、化妝品、家具和家庭用品……等等，因而可以讓你的產品在最適合的地方，找到最需要的客人，且百貨公司大多位於交通要衝及商業繁華的地區，能夠達到集客、集貨的效果，讓你的產品更廣為人知。

但廠商要在百貨公司設置專櫃的費用並不便宜，導致產品售價相對提高，在零售市場上也會有競爭的壓力存在；不過百貨公司在換季時，通常都會進行商品、價格促銷的活動，或增設特價區來刺激買氣，這也是創業者可以利用的優勢。

現今台灣經濟持續不景氣，民眾荷包大幅縮水，逛百貨公司主要是為了打發時間，使得相對較平價的美食街業績大幅成長，而且百貨美食街不僅歡迎大型餐飲連鎖進駐，小吃也能夠進駐，這是餐飲市場通路的一大轉變，對想做小吃與餐飲業的老闆們來說，更是一大機會，值得大家關注並留心經營。

　　如果要打響自家新品牌，進入百貨商場不失為提高品牌知名度的一種方式；像新光三越在高雄左營店就打造了彩虹市集，一至四樓均是創意品牌，在四千坪的空間規劃了四百個櫃位，這是過去一般創意品牌在路邊攤經營時未曾想到的，值得有志創業的朋友們參考。

② 倉儲型賣場／量販店

　　倉儲型賣場又稱為「批發俱樂部」，是一種結合零售與批發的商店，這種商店經營的產品樣式很少，但強調超低價，像家樂福、好市多、大潤發等，都是知名的倉儲型賣場，而且這些賣場通常位於交通便利的市郊；如果你的產品想以低價搶進市場，且是屬於少量多樣的產品，倉儲型賣場相當適合。

　　以居家修繕為營業項目的特力屋，還特別推出「店中店」的經營方式，在量販店內設點獲得顧客好評，打破只將商品擺在架上與其他廠牌並列的擺設模式，改以主題式區塊經營，比如說：進入油漆區，除了賣油漆，還賣刷子、滾筒、補強劑……等，並另外規劃浴室布置區，讓顧客身歷其境，對浴室的用品更一目了然。且特力屋最值得被人所稱道的是，他們還提供免費諮詢服務、家具 DIY 教學及試用，教消費者如何正確上漆、選擇電鑽……等，這都是倉儲型大賣場才能提供的特別服務。

　　全球零售業龍頭沃爾瑪（Walmart），近來在連鎖通路上也做出許多變革，讓傳統的實體店面銷售有了新的出路。首先，沃爾瑪在新式店面的外牆用懷舊復古紅磚砌飾，再用一道道的拱門串起一條長廊，拱門後面是一大片落地窗，而天花板更是以正方形的玻璃天窗遮蓋，不但能採集太陽光，省下許多電費；這樣的新設計，在外觀上簡直就像是美術館，消費者

根本不會將它與量販店聯想在一起。這樣的設計，真的讓沃爾瑪連鎖通路吸引了許多市民的目光，而且還成為當地的新地標，在通路行銷上打了一場漂亮的勝仗。

沃爾瑪也研擬開發無人機的應用，為了進一步強化顧客購物體驗，打造與眾不同的服務力抗對手，他們打算將無人機安置於賣場內，協助顧客找出所需商品並集貨，縮短人力作業的等待時間。無人機會避開顧客購物區域，主要在內部貨倉及交貨區之間往返，飛行路線也會安排在貨架上空而非走道，確保顧客安全，並避免無人機飛行噪音對顧客造成干擾。

以量販店來說，如何打造獨具特色的實體購買環境，是讓產品展示率提高的重要因素，如果這時候銷售員能趁著消費者因好奇停留的時間，把握機會面對面銷售，對整體量販店的產品銷售績效，一定會產生正面的影響。

3 便利商店

這是為滿足消費者的便利購物需求而興起的零售商店，通常規模小、二十四小時營業、假日不休息，以銷售一些周轉率較高的商品為主。如果你的產品是乳品、冷飲、速食品、清潔劑、書報雜誌之類的，就極適合在7-11、全家、OK、萊爾富⋯⋯等便利商店銷售。

目前玩具和美妝保養產品在便利商店也是很夯的商品，2004年霹靂布袋戲的扭蛋公仔就在7-11門市引發瘋狂搶購，布袋戲迷努力收集，其中隱藏版的銀狐由於數量很少，甚至在網路上叫價高達數千元，翻了十倍之多；為此，7-11開始將玩具商品列入一般常態性銷售商品，DHC保養品牌也跟7-11合作，建立便利商店的零售通路，銷售也是相當不錯的。

　　且我們也可以看到便利商店架上商品越來越多元，已沒有什麼東西是不能賣的，只要發揮行銷創意、製造話題，再運用便利商店的便利性，你的產品也能成為下一波暢銷品。再舉一個例子，全家便利商店的伯朗咖啡為了能在市場上脫穎而出，更推出拿鐵拉花的客製化服務；全家超商先前在七夕情人節當天，推出專屬肖像咖啡體驗活動，消費者只要用手機自拍並上傳，咖啡機就會使用特殊的印刷技術，用可可粉和奶油將照片圖案印成拿鐵拉花，讓每位欲拿到特殊拉花的消費者趨之若鶩。統一超商也趕搭櫻花祭，City Café 推出限量的櫻花杯及草莓歐蕾飲品，同樣颳起一股旋風，讓充滿少女心的大朋友、小朋友難以招架。

④ 直接銷售

　　直接銷售又稱為「直銷」，透過銷售員和購買者之間的互動和示範從事銷售，其種類有逐戶銷售、辦公室銷售、聚會銷售……等。像前面提到的雅芳小姐就屬於直銷人員，雅芳公司把銷售員訓練成家庭主婦的好朋友，在全世界各地銷售產品。

　　如果你想透過體驗或當面示範說明自己的產品，直銷就是一個相當不錯的選擇；如果你付不起上架、上櫃費的話，直銷更是你的另一種途徑，但關鍵是你必須有一套專門的訓練方式，讓銷售人員能有效執行銷售行為，以達成銷售目標。

　　以銷售健康產品的直銷公司賀寶芙（Herbalife）來說，他們相信幫助每個人透過良好的營養攝取，可以讓健康狀況獲得改善，並同時獲取財務自由，有機會過更好的人生。創辦人馬克‧休斯（Mark Hughes）便是為愛而創立事業的，他將失去母親的傷痛，轉變成改變世界的行動力，

而其祖母志願擔任第一位體驗者，這過程中完整表達親子間無條件付出的愛；跟隨馬克‧休斯的直銷夥伴，也因為對生命、對家人的愛，挽回原本分崩離析的人生，找到自己立足的舞台。

賀寶芙公司訓練直銷商的方式簡單、易懂，不外乎是「使用產品、配戴胸章、與人交談」，並加上一本自己使用前、後的照片，一罐奶昔、開水和搖搖杯，就這樣靠著「use、wear、talk」三個法則，讓賀寶芙公司在台灣慢慢打開市場，成為賀寶芙全球第三大市場。

且台灣賀寶芙以「營養俱樂部」為中心，積極推展好鄰居計畫，主動走入社會各角落，也是其打開市場通路的行銷策略之一。這套「營養俱樂部」是複製墨西哥市場的做法，墨西哥的直銷商熱情好客，通常會以自家的客廳或庭院，邀請親朋好友來分享產品與健康知識，成功接觸到潛在事業機會並銷售產品。

賀寶芙將這套制度引進台灣後，因應台灣的環境做了些許調整。由於台灣人多半喜歡在餐廳或公開場合與人交際往來，於是台灣直銷商就在社區或商圈成立據點，著力布署「營養俱樂部」，提供當地居民健康與歡樂；再加上「好鄰居計畫」的推動，賀寶芙還積極地利用週末至安養院與孤兒院探訪，更深入偏鄉，為資源比較不足的居民提供服務，不但讓民眾吃得健康，也達到推廣產品的目的。

從直銷通路的經營上，我們可以看到與其他通路做法最大的不同，直銷多了一份愛與感動的感染力，這是零售、批發甚至直營商店所遠遠不及的，更讓我們理解到，商品其實不再只是一件物品而已，它可以是滿載祝福和愛的東西；而各位在銷售產品時，若也能多付出一些關懷與愛，說不

定能替自己打開通路。

　　當然，如果你不想走既有的通路來銷售自己的產品，想自個兒經營店家銷售的話，那店面位置的選擇就顯得格外重要，尤其店家是否具有特色，更是能否吸引客源的關鍵所在。以連鎖泡沫紅茶店「樣板茶」起家的陳永圍，就是自營開店且展店成功，順利打開通路的典範；在過去，泡沫紅茶店都只敢開在較不熱鬧的二、三級地點，雖然店租便宜，但消費對象只鎖定在沒有什麼收入的學生族群，營業額無法提升。

　　於是他改在一級商圈創店，雖然店租一個月將近 20 萬元，但地點好，一天來客可能高達二至三百人，飲料價格也能從每杯 30 元調升為 70 元一杯，一天的營業額至少就有二萬多元，一個月下來就有 70 ～ 80 萬的營業額，扣除人事及營運成本，還有 20 萬左右的盈利。

　　且陳永圍對店面的裝潢與設計富有大膽的創意，徹底改造一般人對泡沫紅茶的刻版印象，只要大家走進他的泡沫紅茶店，就會被店內空間所散發的生命力強烈吸引。以陳永圍的成名作品「茶掘出軌」為例，店裡設計成一個浪漫超時空的火車月台，台鐵的舊枕木就鋪設在地板上，店的牆壁掛著抽象畫，再加上 PUB 的燈光音效及高腳椅，讓你在視覺上感到非常新鮮，跟以往的店家都不相同；這樣的設計果真受到消費者的青睞，「茶掘出軌」頭一個月就締造 100 萬元的業績，一年後又開設第二家及第三家分店。不過即使在好的商圈，有時也要注意經營的時段以及附近消費型態的改變趨勢，才不會陷入困境中。

　　而網際網路的快速發展與普及，全世界的上網人數不斷成長，網際網路也因此成為另一種全新的媒體與行銷商品的通路，並對傳統媒體及傳統通路產生非常巨大且深遠的衝擊與影響。國內外的線上購物網站皆創下非

常可觀的收益，現在不論是個人還是企業，都可以利用網際網路作為行銷產品的工具，其重要性不可忽視。網路商店的種類大致可分為下列四種。

① 在網路拍賣平台販售

利用網路拍賣平台販售商品通常以個人為主，有的賣二手商品，也有 SOHO 族利用網路拍賣平台銷售全新的商品，一般而言，網路拍賣平台較適合短期、零散、按件計費的銷售方式。例如：Yahoo 拍賣、Pchome 露天拍賣、ebay 等。

② 租用知名網路商場的交易平台

企業除了本身架構的網路商店之外，也可以租用知名網路商場的購物平台，例如 Yahoo、Pchome 等知名入口網站，這些都有提供網路商店的購物平台。這類的購物平台，是一種類似套裝軟體，已模組化的網路商店，具有各種完整的線上購物功能，只要租用這種購物平台，就能立即擁有一間網路商店，做起網路生意。

而租用購物平台的優點，是這類平台已具有高知名度，每日瀏覽的人數非常龐大，在此開設網路商店的曝光度高，被網友搜尋到機率也相對較高；至於缺點，除了要支付平台租用費，每筆成交金額還得被平台業者抽取 3 ～ 5％不等的交易佣金或手續費。

租用知名網路商場的交易平台，就好像進駐知名百貨公司或購物中心設置專櫃，雖然不像自營店有獨立門面與自主性，但可仰仗對方的高人氣與來客數，為自己帶來較高的業績。

❸ 借用知名網路交易平台將自己的商品上架銷售

如果企業不想花太多的錢租用交易平台，可以在知名的網路商場中將自己的商品上架販售。有些交易平台是開放性的，它容許各家廠商將想販售的商品在此交易平台販售，在這種交易平台，只須支付網路商場的商品上架費及成交的佣金抽成，各商家沒有自己獨立的網址與店面，僅利用購物平台的商品上下架功能，管理自家的商品及收受訂單。

例如奇集集 Kijiji，依商品分類可自行將商品的圖文訊息在上面發布，還有 591 租屋網，提供屋主（賣方）刊登房屋租售訊息的交易平台，按刊登筆數或刊登期間收取費用。

❹ 架設獨立的網路商店

你也可以建置自己專屬的網路商店，它具有獨立的網址，也具備金流、物流等功能，顧客在專屬的網路商店中，就可以完成線上購物。

只要有自己的網路部門及專業人才，就可以自行建置網路商店，如果沒有網路專業人才，你可以考慮委託 ASP 公司（專門為人建置網站的公司），量身訂作獨立的網路商店；還有一些免費的架站軟體如 Xoops，Joomla，即使不懂程式，也可以用這些軟體來架設自己的網站。

由於網路購物的規模龐大，商家不論是否擁有實體店面，也會想從網路行銷自己的商品。在實體店面購物，因為可當場看見商品並當場結帳，消費者較不會有購物上的疑慮和糾紛，但網路購物看不到、摸不到產品實體，所以法律規範七天鑑賞期，不然肯定會有很多消費者卻步。現今如此多樣化的銷售方式，讓創業者能有更多的可能被消費者所看見，大大提升創業的可能性。

4 讓你的產品、品牌深入人心

在改變消費者對我們產品認知的過程中，可以試著先從消費者的想像空間改變，比如可口可樂用神秘配方改變消費者的想像空間；肯德基用薄皮嫩雞改變消費者對原味炸雞的想像空間；LINE 利用貼圖改變消費者的想像空間，成績斐然，持續於全球高速成長，開發十七種語言版本供使用，台灣的使用人數更已達一千九百萬人。時任 LINE 大中華區事業部部長李仁植曾提到，LINE 每天訊息發送量達七十億，其中七分之一便是貼圖，可見增加消費者「圖像」想像空間，可刺激消費者，認同品牌，打造熱門產品。

可愛活潑的表情貼圖，是消費者的心情寫照，採取貼圖來表達心情；透過影像來投射出自己的內心世界；透過可愛的表情，又能拉近彼此間的距離，且可愛貼圖不只用於溝通，更是企業用來塑造品牌，打造熱門產品的工具之一。臺灣一家知名的淨水器公司即是利用貼圖行銷，成功販售淨水器，目前在臺灣市占率高達 80％。這家淨水器公司默默無名，淨水器大多放置於辦公室或家中廚房一隅，消費者對該品牌的熟悉度普遍不足，為了塑造品牌形象，這家淨水器在過年期間，製作了八張吉祥物貼圖，放在網路上提供民眾下載用來拜年。根據 LINE 的下載統計數據顯示，台灣有 40％的用戶下載使用，光是除夕當日即有八百萬次發送，讓這家淨水器產品爆紅，成為全民皆知的品牌。

　　這家淨水器公司之所以成功，就是改變了消費者對淨水器的圖像思考，讓原本看來死板的淨水器圖像，轉換成熱鬧有趣的拜年圖像，業者成功把過年的「喜氣」，轉化到淨水器上面，扭轉消費者心中的印象，進而讓淨水器熱賣；以審美角度來說，淨水器的拜年貼圖並沒有特別漂亮，卻能精準抓住用戶的需求，提供拜年應景的貼圖樣式。

　　一般製作貼圖的企業，往往會為了凸顯品牌形象和知名度，特別設計精美的貼圖，但這些貼圖對消費者來說，卻不實用，更別說分享給朋友，若消費者不知該在何種情境下使用貼圖，貼圖再美也只是一個死招牌，不易打動消費者。

　　所以，在塑造品牌改變消費者對產品的圖像思考之前，要從消費者的角度來改變圖像思考，而不是以廠商的角度來改變消費者。舉例來說，原先肯德基原味炸雞的圖像思考並沒有「香、辣、脆」這三種感覺，但為了改變消費者心中既有的印象，肯德基以「薄皮嫩雞」來改造原味炸雞在消費者心中的圖像思考，成為新一波熱門產品。

　　另外像服飾業用「發熱衣」改變一般保暖衣物的制式印象；房地產則用「二代」宅，來塑造「新一代」高科技住宅的印象，不管用哪一種形容或影像塑造品牌，如果不能用消費者的「故事角度」去行銷產品，消費者對品牌的印象就不深。

　　而當市場供過於求，企業除了做 CI（持續整合，Continuous integration），更重要的是為產品找故事、建立情境，這遠比削價競爭來得明智且有效，那要怎麼說你的故事，才能帶動銷售呢？

① 明確自己的產品形象

超級品牌的成功之道就在建立恆久的原型（archetype），讓消費者一看到這個商品就能喚起某種感覺。星巴克（Starbucks）咖啡館的名稱取自於美國文學「白鯨記」，Starbucks 是白鯨記中愛煮咖啡大副的名字，由於這位大副個性溫和也喜好大自然，所以 Starbucks 希望藉由這個形象傳達對環保的重視與對自然的尊重，且那位大副的嗜好正是喝咖啡。

② 將產品和消費者生活融合

好的故事源頭除了來自觀察，有時候也來自生活中的記憶和經驗，像統一超商成功以鐵路便當勾起大眾童年的記憶，創造新的消費者意識。

③ 連結消費者與真實情境

將故事深刻化，營造真實感。如紅極一時 eBay 廣告，唐先生的花瓶就是一個典型的例子。

④ 讓消費者參與故事的發展

現在有許多廣告、電視劇甚至沒有預先設定結局，請讀者票選最佳結局。像和信電訊（KG Telecom，現已跟遠傳電信合併）推出「輕鬆打」活動，請來任賢齊、侯湘婷、錢韋杉拍攝一段三角戀情的廣告，最後男主角的情感抉擇，交由觀眾投票決定，結果這支廣告十分成功，引起許多人的注意。

不曉得各位還記得 2009 年紅極一時的「世界上最好的工作」的徵才

廣告嗎？澳大利亞昆士蘭省旅遊局向全球招募大堡礁看護員，這份工作的雇用期大約為半年，薪酬 15 萬元澳幣，申請條件為年滿十八歲，英語溝通能力佳，熱愛大自然，會游泳，勇於挑戰冒險、嘗試新鮮事。有意角逐者，只需上傳自製的六十秒英文短片，並說明自己是該工作最適合人選的理由即可；申請截止後，昆士蘭省旅遊局將挑選出十位最理想的人選，前往大堡礁群島進行面試，選出漢米爾頓島的看護員。

猶記當時此一徵才消息經由新聞播出，馬上引起各界矚目及響應，不管是想應徵工作的、還是想到大堡礁旅遊，甚至是看熱鬧的，都不約而同地高度關注此一消息，因為此工作內容實在是太誘人了，只要當上看護員，旅遊局將提供一套配備有三間寬敞的臥室，兩間衛浴，全套的廚房設備、私人游泳池的「珍珠小屋」別墅，並提供小高爾夫球車代步……等。

如此奢華的員工福利，工作內容只要探索大堡礁整個島嶼、每週更新部落格和網上相簿、上傳影片，並接受媒體採訪，向昆士蘭省及全世界遊客報告自己的探奇旅程；工作任期結束後，即可獲得約台幣 300 萬元的報酬。

介紹到此，你可能會懷疑難道昆士蘭旅遊局真的找不到當地的看護員嗎？如果能的話，又為何還要大費周章地全球徵才，這背後的企圖到底是什麼呢？答案其實很簡單，也就是我想跟大家討論的主題——品牌行銷。

推廣澳洲的大堡礁觀光旅遊才是主辦單位的主要目的，徵才活動只不過是個手段罷了，但大眾卻還是一頭栽進這樣的陷阱而不自知。自徵才廣告發布以來，大堡礁相關新聞就佔據中外各主要新聞媒體版面，讓「世界上最好的工作」的新聞曝光，為大堡礁觀光做了大量且免費的廣告；據統計，昆士蘭旅遊局大概僅以 170 萬美元的低成本，就收穫了價值一億美

元的全球宣傳效益。

此外，透過網路的口碑達成如病毒般的傳播效應，也是品牌塑造的有利方式之一。以「世界最好的工作」活動來說，消息來源就是由昆士蘭旅遊局在官網上發布的，再加上昆士蘭旅遊局在全球各地的員工，也紛紛登錄各自國家的論壇、社區網絡討論，讓訊息如病毒般，快速傳播出去，全世界都在看；尤其當參賽者將自製影片上傳至 YouTube 上，藉由 YouTube 在世界的影響力，讓宣傳效果更迅速擴地散開來、範圍更廣大。

品牌要深入人心，說故事是最好的方法，內容包括經營者的故事、產品的故事、客戶的故事或員工的故事，這都是品牌宣傳的最佳幫手，你甚至可以創造腳本效應，讓員工與經銷商和顧客溝通時能有所本，也讓客戶主動幫你宣傳；當新聞媒體上門時，品牌故事更可以成為記者寫稿的素材來源。接下來就以標榜有機棉材料的服飾品牌──許許兒，來做說明，以下是許許兒短篇的品牌故事案例。

愛畫畫的女兒 Yaya，加上會織布的許爸爸，

一對可愛的父女，聯手用獨家有機棉布盡情揮灑。

一百種可能、一百種有趣的樣子，那是許許兒專屬的森林系繽紛。

要讓每個穿上許許兒的大女人及小女生，

輕鬆打扮、自由穿搭出獨一無二的美麗。

宛如森林裡的一片片葉子，隨著春夏秋冬變化顏色，

許許兒要把最真實的自然，悄悄裝進每個女生的衣櫃裡。

　　運用故事行銷品牌有一個很大的特色，就是可以將理性的產品說明變成感性且易懂的品牌故事。在案例中，作者首先透過父親與女兒一起織布、畫畫的甜蜜互動，不但喚起了做父親的回憶，也打動做女兒的心情，而且還很自然地將有機棉、森林系質感的產品特色植入人心，完全不著痕跡。

　　尤其是「輕鬆打扮、自由穿搭」這句話，更一語道破品牌的精神所在，在不知不覺中映入消費者的腦海裡；而「隨著春夏秋冬變化顏色」一句，表面上是在寫景，其實說穿了就是跟顧客說明，「許許兒」服飾產品有各種顏色可供消費者選擇。

　　利用「故事角度」加深消費者對產品的印象，像某些戲劇收視紅遍華人世界，業者就會利用這樣的故事角度加深消費者對產品的印象，比如韓劇「太陽的後裔」，從這個角度加入自己的產品行銷話術，像是銀行、保險、基金業的理財商品，以劇中片段作為行銷理財商品的話術，像「如果大尉離開您，就讓 ×× 銀行守護您」、「×× 銀行，給您大尉的守護」。

　　另外一種故事角度是讓消費者深入故事中，從故事認同品牌產品，這類型做得最成功的就屬迪士尼創辦人華德‧迪士尼（Walt Disney），他擅長說故事的本領，打動許多大小朋友的心；迪士尼的《仙履奇緣》、《白雪公主》、《彼得潘》雖不是迪士尼的原創故事，但迪士尼透過這些經典故事呈現不同面貌，吸引消費者注意。除此之外，迪士尼還特意打造主題樂園，在樂園裡精心布置主題場景，讓到訪的遊客融入其中，從故事的角度來吸引消費者；當初迪士尼打造主題樂園，不只是為了宣傳卡通主角，而是要讓大小朋友，在故事情境中大玩特玩。迪士尼樂園受歡迎的原

因，便是掌握吸引人的故事、故事角色和消費看故事的角度三元素；以吸引人的故事作為舞台，遊客進入園區等於走進舞臺之中，身歷其境，更加深消費者對迪士尼的印象。

迪士尼樂園網羅世界各地的好故事及大家喜愛的故事角色，打造的場景引人入勝，使消費者從看故事的角度相信角色的存在。園區內的故事角色演出融入愛和熱情，讓消費者親身體驗，感受故事真實的存在，比如到迪士尼樂園看到演員扮演的卡通主角巴斯光年，大家展露出開心興奮的笑顏，實現消費者觸碰虛擬卡通人物的夢想，進而認同迪士尼這個品牌。

你以為 cama 是低價取勝，其實它勝在品牌價值

cama 現烘咖啡的創辦人何炳霖，當初是長年替客戶品牌運籌帷幄的資深廣告人，和大部分人一樣，領著別人的薪水過日子，但他為了建構專屬於自己嚮往的人生，邁出自創品牌的第一步。

做廣告很多是「非戰之罪」，廣告代理商致力於協助品牌成功贏得市場，但商品力、行銷方向等往往早已決定，受限於前端，無法好好發揮。何炳霖曾說：「管理模式、觀念等，有太多無從著手之處，包含經營者的個性，我認為那是成功與否的關鍵。」因而讓他開始思考自創品牌，這就是成立 cama 的原始動機。

在創立 cama 之初，何炳霖便決定要做品牌，並非只單純賣咖啡而已，且 cama 的定位非常清楚：「在都會區的專業外帶、外送咖啡」，目標市場鎖定為對咖啡較講究的白領上班族；更在執行上力求「每個細節都要顧到！cama 的識別標誌「cama baby」，就是把一顆咖啡豆擬人化的

設計，賦予品牌親和力，連杯子與店面擺設，都是緊扣品牌核心價值與廣告設計美學的整合展現。

當初在打造品牌時，他認為咖啡是生活不可或缺的飲品，因而以「平價享受好咖啡」來設定品牌初衷，金額滿 200 元就可外送。cama 雖然平價，但在強調新鮮、品質方面毫不妥協，選擇在店內烘焙豆子，而非集中於單一工廠處理，挑豆的成本雖然較高，但這樣才能維持咖啡的好品質。

手工挑豆、烘豆機及烘培過程，以及外送腳踏車都在店裡公開展示，就是希望消費者能看到他們的工作過程，這是一個感染力、一種氛圍，因為消費者待在店裡的時間通常很短，而 cama 這品牌名稱是理念、也是行為，從踏進店內到喝下第一口咖啡的過程，即傳達視覺、嗅覺、聽覺、味覺、觸覺，從五感行銷創造出品牌的好體驗，由高品質創造出高價值。

而「專營外帶、小坪數、現烘咖啡」的商業模式，讓 cama 從創始店經營沒多久，就湧入大量加盟電話，一度被逼得將加盟電話塗掉，因為他們是從品牌永續的角度經營，選的不是加盟主，而是事業夥伴。因此，在創業的前三年，僅開了四間分店，等到直營店管理經營都上正軌後，第四年才開放加盟。目前每年加盟店數也僅開放二十個名額，不為什麼，就是為了品牌營造。

異業合作共同行銷也是 cama 近年極力追求的，包括和 smart 汽車聯手打造全球第一台利用咖啡豆做燃料的汽車以及與《美麗佳人》雜誌合作推出《2016 裙襬澎澎 RUN》公益專案活動，並和旅行社合作週週抽曼谷、香港、大阪來回機票……等，甚至還與建商合作推出「新外灘 3 新月天地 * cama café」專案合作計畫，顧客到現場看預售屋，可以進入 cama 品嚐咖啡，同時還可以看到 cama baby 的大型公仔藝術作品，與其

家族成員英菌、浮妹以及象豆……等等公仔；為了方便看屋顧客落腳休息，這裡的店面設計與一般的 cama 分店不同，特別以大坪數空間設計為主，除了有明亮的落地窗還有舒適的沙發椅。

在 cama 未來的品牌行銷計畫策略上，創辦人何炳霖還希望能讓 cama baby 被更多人所認識，目前積極架構 cama baby 的品牌故事，並著手計畫 cama baby 故事繪畫展覽，希望將這一切完美地呈現給社會大眾。cama 這個品牌在他手中竟能玩出這麼多的行銷花樣，而且不是天馬行空，具體落實在企業每個角落、每個細節當中，真是非常不容易，也是許多公司所夢寐以求的，值得有志之士學習效法。

美國火車頭背後的控制者

2013 年，一列紐約火車疑似因超速、司機打瞌睡等人為因素導致出軌，造成四死六十餘傷的憾事，震驚全美，而且在此事件發生不久前幾個月，也上演過同樣的悲劇。

但也因為這起意外，讓一家台灣小公司理立系統（Lilee Systems），成為加州矽谷的新聞焦點。若將它的產品裝在火車上，透過遠距離傳輸技術，不僅能預先警告火車駕駛，還能從遠端強制火車減速、煞車，預防相撞、出軌等災事發生。

「遠端電腦控制，強制火車頭減速，免去禍事，這不是電影情節，而是一家台灣小公司在美國做的事。」

交大畢業、在美國拿到伊利諾大學電機博士學位的理立執行長李佳儒，原本只是思科公司的工程師。直到 2008 年美國政府決定著手立法，強制在火車頭加裝安全預警系統後，他才不畏當時金融海嘯，決定從思科離職，和弟弟一起創業。

創業前，李佳儒已經在無線通訊領域耕耘二十多年，為了攻下鐵路安全監控系統的商機，他還用兩年半的時間，打敗全球六十多個競逐者，開發新的通訊協定，得到電機電子工程師學會（IEEE）的認證，成為全球通用標準。

當時的他雖有遠距離傳輸的獨門技術，但苦於沒有任何鐵路產業的背景，他勢必得和大公司結盟，才有機會打開鐵路大門，而前東家思科就是他第一個找上的合作夥伴。李佳儒打趣地說：「創業後先跟思科簽約，才不會讓巨人來打你，保有生存空間。」理立與思科共同合作定義、設計、和安裝用於列車運行控制系統端到端（end-to end）的通訊網路，一同為鐵道產業提供一個解決方案，順利完成鐵道的安全改善法令。

雖然有技術，也想好了策略，但李佳儒創業能如此順利，其實還要多虧了一名意料外的貴人，為理立創業歷程打開另一個機會，這人正是理立系統董事，美國前運輸部長峯田良雄。

2011 年一次會議上，李佳儒在這偶然的機會，向峯田說明理立的營運目標，雖然當時理立尚在產品開發階段，但峯田十分看好，願意無條件給予協助，甚至主動開口要當理立的董事。

峯田不僅每季的董事會都從美國東岸飛到矽谷參加，還將理立引薦給鐵路公司高層，更與李佳儒一同在會議桌上商議、談判；因為這對擔任過運輸部長的峯田而言，美國運輸業的國際競爭力，比什麼都重要。

理立協助鐵道運輸暢通，減少事故發生，等於間接提振美國國內的運輸效率，李佳儒找到自己與巨人共舞的價值，成為美國火車頭背後的控制者。

** 參考來源／商業周刊 1361 期

SLASH **6**

創業不是賭博，
要勢在必行

做或不做，是沒有「試試看」這回事的。

Do or do not. There is no try.

1 創業資金何處來？

　　之前，我曾與我們公司合作多年的印刷廠老闆娘聊天，跟她分享我計畫跟其他老師共同出版一本分享自身創業、成功致富的書，她聽到後表示非常感興趣。我聽她這麼說，心裡也很高興，洋洋灑灑地跟她說了好多想法，那本書絕對能使創業者徹底發揮創意和熱情，找到最穩健的商業模式，讓他們的產品確實銷售出去，獲得廣大的收益……等，說了好多。

　　老闆娘聽完我說的這些後，回了句自己的想法：「創業喔，那要有錢啊！」對啊！創業，要有錢！對任何公司來說，尤其是初創公司，資金絕對是最重要的，你甚至可以說：「若沒有足夠的錢，公司可能就撐不下去。」

　　而想「創業」的人，大多都不是富二代，創業資金必須想辦法籌出來。但沒有富爸爸，不代表創業起步一定比別人慢，歷史上就有很多「動腦」籌資，成為巨富的人！這絕不是我信口胡說，絕對禁得起考證，我來跟各位說個例子吧。

　　在中國航運史上，就有一位靠「借錢買船」起家的大老闆，他是環球航運集團的創始人，世界八大船王之一的包玉剛。包玉剛創業之初，向朋友借了一筆錢，用那筆錢買了一艘又破又小，但還可以行駛的船。稍微整修後，便將這條船作為他的「生財工具」，但他不是直接投入航運事業，而是拿這艘船向銀行抵押貸款！貸款成功後，他又去買第二艘船，然後再

去抵押，買第三艘船，用「抵押貸款」的辦法，慢慢地將事業發展起來。他甚至還曾兩手空空到銀行，讓銀行替他買了一艘嶄新的輪船，商業手腕著實令人佩服，你知道他是怎麼做到的嗎？

包玉剛跟信貸部經理說：「經理，我在日本訂購了一艘新船，價格為 100 萬元港幣，但我同時也在日本與一間海運公司簽訂了一份租船協議，每年租金 75 萬元港幣，所以不知道貴行能不能支持我一下，貸款給我呢？」

信貸部經理聽了覺得辦法可行，但借貸必須要有擔保。包玉剛說：「好，那我用『信用狀』來做擔保。」信用狀就是海運公司請銀行開出的信用證明，方便公司在生意上使用，而這間貨運公司的信用紀錄良好，如果包玉剛日後有賴帳的問題，銀行可直接找海運公司要求清償債務。因此，船還沒造好，銀行就借了一大筆錢給他。

若將創業比喻為開車，資金就如同汽油對汽車一般重要，資金是「持續的能量來源」，支撐著企業的整體營運，但這卻是大部分創業者，都缺乏的關鍵要素。所以，我想跟各位創業者們探討如何籌到創業資金。

絕大多數的創業主，初期的資金來源不乏是那「三 F」：家人（Family）、朋友（Friends）、傻瓜（Fool）。從熟人那獲得金援的門檻較低，且更快、更容易些，他們不像銀行、創投，會要求你提出複雜的創業計畫書或財務證明；但親近的人也不是你專屬的信用卡、ATM，沒有人會為了別人的發財夢，而不求回報、甘願投資你。

有些甚至會「靠勢」平時彼此的關係良好，認為大夥兒都是好哥兒們、好姊妹，沒有用白紙黑字寫清楚，導致後續爭議一堆，因而撕裂與親人、朋友間的關係，毀了親情和友情。

只要你仔細想想，其實還是有諸多管道，可以幫你籌措創業基金，但礙於每個人的處境不同、際遇和能力也不同，所以你必須考慮其中可能的風險和利息成本……仔細比較後再做抉擇。下面跟各位創業者討論一些籌資的管道。

❶ 說服家人或朋友投資

　　向家人和朋友借錢是我們最直接的反應，也是調度應急最快、成本最低的辦法。但這個方式其實是一把雙面刃，運用得當就是一個雙贏的模式，因為利息通常比銀行的借款利率還低，甚至不用利息；可是如果運用失當，則可能人財兩失，不僅產生金錢糾紛，彼此的關係也因此打壞。在現今這低迷的經濟環境，銀行貸款的利率實在是不太友善，若家人或朋友可以協助，這不失為籌資的第一首選，但記得把金錢關係處理好。

❷ 標會創業

　　有人說：「標會，就是標一個機會！」這個方法比較傳統，曾在七〇、八〇年代盛極一時，當時的銀行還很少，幾乎全是公營行庫，信用審核條件嚴苛，就算有房產做擔保，還是難如登天。因而讓講信用的標會誕生，成為民間一種小額信用貸款的型態。現今，標會雖已退流行，年輕人普遍認為不安全，甚至不知道這如何運作，但在老一輩的人和團體間，仍有一定的影響力。

　　唯一要注意的是，標會並無法律保障、風險較大，要多加小心、注意，標會人數建議不要太多，會期也不要太長，不要亂換會，更不要同時標好幾個會，以「會養會」的方式，為了搶標而一直加碼，甚至超過銀行

貸款利率，那可就得不償失了。

③ 青年創業貸款

　　創業籌措資金，若將自有資金和親朋好友借貸排除在外，政府也有提供青年創業貸款，不僅較容易取得高成數貸款，利息也低、壓力較小，所以，創業者可以將政府提供的創業貸款，列入籌措創業資金的首選，經濟部中小企業處網站上都查得到相關資訊。

④ 壽險保單貸款

　　保單所有者以保單作抵押，向保險公司申辦貸款。這類型的貸款利率約在 7 ～ 8％左右，比銀行貸款的利率低，且無借貸期限，本金可至期滿或理賠時才扣除。現在也有許多銀行或壽險公司提供便利的 ATM 借款，只要完成首次申請，就可以到各地 ATM 辦理，相當方便。

⑤ 二胎房貸

　　利用房屋的殘值來抵押，再申請一次貸款，只要原房貸額度沒有過高，按時繳交款項，沒有異常紀錄，就可在不重新鑑價的狀況下，申請二胎房貸，銀行會給予房價 10％至 20％的額度。跟目前房貸利率相比，二胎的房貸利率較高，但比信用貸款的循環利息低。

　　以上五種方式，是絕大多數創業主（尤其是初次創業）的籌資方式，但上述這些辦法最大的缺點，不是不得其門而入，就是利率、風險太高；且就算手邊有點資產，能使用信用貸款或預借現金，也必須承擔極高的風

險。若再考慮「機會成本」這一因素，絕對是怎樣都划不來。所以，除了基本的借貸途徑外，你不妨試著在「網路」上找管道！

 ## 勇於向創投提案

鴻海集團董事長郭台銘、經營之神王永慶和 HTC 創辦人及董事長王雪紅，都是台灣的創業傳奇人物，創業往往就是這麼一回事，你有個夢想或基於某個理由，讓你想開創自己的事業，完成自身的夢想。因此，我相信致力於創業的你，為了讓自己的事業體能與環伺的強者鼎足而立，肯定會想辦法尋求外界的幫助與金援，但不曉得你是否知道創投也能用（Venture Capital，創業投資）來募集資金呢？

創投除了資金上的援助外，還能在你創業的過程中，扮演經營合夥人的角色，協助業務的推展或產品研發等，讓新創事業發展、壯大。和創投合作其實有許多的好處，但要從何著手，如何和創投來往呢？

擬定詳細並具說服力的計畫書，是吸引投資人的關鍵之一，除此之外，創業計畫書還有更重要的實質意義……就是讓創業者在撰寫的過程中，思考並陳述事業體應有的業務範疇，並審視各個環節是否有不足及待改進之處。創業計畫書對創業者來說，不僅是一份自我體檢表，更是一份毛遂自薦的企業履歷表。

想當年，我設立的出版集團還是一家委身於華文出版市場一隅的小出版社時，就曾向創投提過案，憑著一紙「創業計畫書」，贏得當年以華彩為首的各大公司資金的挹注，才得以迅速擴張為橫跨兩岸的出版集團。所以，我現在就來與各位分享自己創業的成功經驗，讓有志於創業的讀者少

走些冤枉路。

資金對新創事業來說，絕對是最必要的資源，沒有資金就別談創業。但創投跟銀行貸款一樣，並不是申請就能得到支持，向創投提案時，你必須先確定自己企業的發展狀況，確認各種資金來源的可能性，因為對創投主來說，他們首要考量的是市場潛力、團隊執行及應變能力、財務規劃……等，甚至連出場時間和各種風險都會事先考慮周全，所以創業資金較少的小企業，基本上會直接被創投公司剔除。

創投其實是一種基金管理行為，他們購買新創公司的股份，然後自行決定時機點將股份賣掉，從中賺取利潤；因此，如果你的事業剛起步，那我會建議你前期需要用到的資金，先從政府的創業基金進行融資，或經由區域性的天使投資人等管道來募集。但這並不是指公司一定要上市，才能尋求創投的協助，只要你有需求，並謹慎評估時機點，找到適合的創投提案，就有機會獲得資金挹注。

創業也需要多元化的人脈網絡，你可以多參加與創業有關的活動「Startup weekend」、「八大名師高峰會」……透過這些場合來認識創投。建議創業主參加這種社交活動時，不要急著推銷自己的事業，要懂得先從交朋友開始，等雙方認識、熟稔後，再進一步了解對方的興趣及投資意願，不然很容易一開始就被拒絕，讓真正有發展潛力的企業被埋沒。另外，你可以上網搜尋「中華民國創業投資商業同業公會」，也有機會找到適合你的創投業者。

且有些創業家會把創業計畫書寄給認識或不認識的各家創投，他們這種心態我能理解，無非是想增加募資機會，但創投圈子其實不大，亂投計畫書只會讓他們覺得你這案子乏人問津，所以才會各家都嘗試，讓他們產

生先入為主的負面評價。每家創投的投資偏好和標準都不一樣,因此,在寄出計畫書之前,務必做好功課,先了解各家創投過去的投資歷史、投資要求、合夥人背景、產業人脈、退場機制⋯⋯等,針對蒐集的資訊來「客製化」,撰寫出創業計畫書。

另外,找創投時,千萬不要犯了初次募資者會犯的錯誤,大部分的募資者認為,找創投的目的就是要拿到他們的資金,不管跟什麼公司拿都一樣,只要能籌到錢就好,把創投看作 ATM。跟「誰」籌資其實是個關鍵,因為從你跟創投拿錢那天開始,這家創投便成為你的股東了,每間創投的行事風格與管理模式迥異,投資後,自然也會想涉入公司的營運;所以,為避免合作後爭議不斷,鬧得彼此不開心,提案前務必要先了解。

而創業募資找創投,免不了要跟金主們見面、簡報,闡述你的創業構想及未來發展,所以,你要讓他們覺得你在該產業中,有豐富的經驗及信心,投入資金絕對會有所回報。下面跟各位分享能讓提案升級的秘密四招。

① 你的報告必須簡潔有力

無論你的「創業計畫書」寫得怎麼漂亮、完美,但正式提案當天,請丟掉那本厚厚的創業計畫書,投資人請你來提報,就是不想自個兒分析那密密麻麻的文字,他想聽重點!且投資人的耐心和注意力,大概都只有五分鐘而已,如果你不能在前五分鐘就引起他的興趣,那我只能跟你說:「不好意思,謝謝再聯絡。」

所以,你一開始就要進行「整體行銷」,掌握住對方的注意力,讓他們的目光投射在你身上,再一步步將對方引導到你的思維模式上。

　　你的簡報開頭只需要一個鮮明的公司 Logo，讓他們的腦中沒有其他雜質，把注意力全都放在你跟公司上，簡報上也別放上過多的文字，那樣只會分散觀眾的注意力。且提案時，要用四個核心概念來介紹：問題、市場、可能的解答、團隊，快速地講述公司業務範疇，讓對方能抓住其中重點及脈絡，清楚了解公司的主體架構和營運模式。

　　另外，既然你在籌錢，對方自然會關切公司的財務概況，所以你要準備好財務報表，並讓對方知道，在未來幾年內的投資報酬整體藍圖為何。不論你在何種領域，你都要先想好投資人會問的問題是什麼，然後用短短的一頁加強說明，例如：你是在解決實際問題嗎？你的公司有何特別之處？為什麼非你不可？你的公司究竟是想不斷成長，還是想增資、擴張後待價而沽呢？

　　你要用面試工作的態度去提案，戰戰兢兢但完美表現自己，在短時間說出一個吸引人的故事大綱，讓他們願意掏錢、錄取你！

② 整場報告要流暢

　　向創投的提報要有邏輯進程，你必須要讓對方知道預計的執行過程及結果，先從市場狀況來開頭、分析，再提出你的產品勝出或應用的實質面在哪裡，而不是老王賣瓜，不斷吹捧自己的東西好，但其實根本不符合市場需求，呈現滯銷的狀態，快倒閉了才來找資金。如果你的產品尚未進入市場，那提報前，你大可先做一次市場調查，讓你的產品與服務和現實對接，用實證來證明你並非空口說白話。

　　此外，為了讓整場提報順暢，你要避免會減低對方興趣的可能因素，且如果有任何需要動腦思考或不易搞懂的內容也要避免，那只會讓你提案

的連貫性中斷。為什麼？因為你不能將對方假設為該領域的專家，所以報告時，不僅要有邏輯性，還要盡量簡化說明，刪掉所有專有名詞，以避免他們聽不懂而產生錯誤的想法，進而拒絕投資。若他們有一定的專業背景，便會自行發問。

提案除了內容是重點外，還有以下四個小技巧，能讓你的簡報更加順暢。

- 千萬不要對著螢幕說話，你的眼神要和聽眾有互動。
- 使用簡報筆操作，整個過程會較為流暢。
- 不要照本宣科，看著簡報念稿，這樣現場報告的意義便沒了。
- 你現場補充的資料要跟口頭報告的內容有所不同。

③ 魔鬼藏在細節裡

提報時，做事要做足，演戲要演全套，你要讓對方相信你的能力，就必須在這場提報中盡力做到「零失誤」。總不能你的提報牛頭不對馬嘴，東一個錯字、西一個缺漏，卻還要對方相信你的公司能做到市場第一！所以，你的報告絕不能出現一些細微但嚴重的過失。

- 要特別注意錯字，如果有放上英文，應檢查是否為慣用法，避免出現「中式英文」（Chinglish）。
- 不能前後矛盾，比如說這一頁提到三年後的獲利為

150%，但之後卻說 200%。

- 要注意簡報畫面一切元素的正確性，避免出現不該出現的
資料或圖片、超連結錯誤等。

上述這些雖然看起來都不是什麼大問題，可只要出現，就會讓聽眾覺得你連報告都做不好，肯定無法經營好一間公司的負面想法，因此切記、切忌！

④ 「將心比心」的溝通心法

任何事情，只要需要溝通，就一定要做到「將心比心」。創業就是解決問題、創造價值，所以面對客戶時，你要透過產品的介紹或服務，來改善、改變他們的生活；但如果站在投資者的角度，產品的應用固然很重要，可你有想過這可能不是創投主關心的重點嗎？

將心比心的基礎思維就是，你要仔細留意你現在互動的受眾是誰，若對方是你的投資人，一開始就要做好通盤思考。創業主常會陷入一個迷思，不斷告訴創投，自己是成長型企業，產品市場一切看好，期待有人投資他們，完全沒有站在投資者的角度思考；投資者想知道的是你的「商業模式」，而非你的產品或服務有多完善，他們看得是公司營運的實質面。

創投公司的首要目標就是在有限時間內取得良好的收益，然後光榮退場，這一點說起來簡單，實際執行卻並非盡如人意，往往無法漂亮退場。我常說，一旦籌資成功，創業主與創投的關係就像「一場婚姻」，創業主如果資金用盡、燒光認賠還好了事，畢竟可以解散清算，就此畫下停損點，只要把離婚協議書一簽，不用再花人力、物力、心力；所以，半死不

活、有營收沒獲利的情況最可怕。

　　因此，創投在評估一間新創公司時，除了公司的本質外，他們滿腦子想的其實都是：「我如果投資這間公司，要怎樣才能出場？出場賠率或勝率大概多少？我什麼時候有機會出場？」出場機會是創投最重要的評估指標。

　　但絕不能因為對方想聽，就將數據過度美化、吹噓膨脹，一定要據實以報，才能找到真正適合自己的創投。之前就曾有一個案例，他在提報時，劈頭就說：「我的公司沒辦法在五年內賺錢！」確認對方能接受這樣的時程，才開始講後續的計畫，但也真的讓他找到、創業生涯中真正合適的另一半的投資主。與其之後因為無法達到預期計畫而起紛爭，倒不如先把前提說清楚，能接受的人再一起合作。

　　所以，你要創業就得先寫一份企劃書，這份企劃書除了自己看之外，還要給別人看。我在 1999 年曾寫過一份創業企劃書，於 2000 年投到幾家創投公司，因而募集到非常多資金，所以我從那之後就不再缺錢了。

　　同樣的，馬雲在認識日本軟體銀行的老闆孫正義之後，也不再缺錢了。孫正義和馬雲僅談了五分鐘，馬上就開了 4,000 萬美金的支票給馬雲，但馬雲卻不要，他說：「我只要 300 萬美金。」最後雙方以 2,000 萬美金定案。馬雲為什麼不要過多的錢？因為這筆錢並不是送給馬雲的，而是要占有股份的，當時馬雲公司的市場價值只有 1,000 萬美金，如果拿了人家 4,000 萬，那不就代表孫正義占了 80％的股權，整間公司都是孫正義的嗎？馬雲當然不要。

　　最後他們達成兩點協議：第一、公司的估值為 2,000 萬美金，孫正義的股權占 50％；第二、孫正義不能以股權的優勢來干涉公司決策，對

他唯一的承諾便是不做假帳。在絕不做假帳的前提下，馬雲擁有最高決策權，孫正義必須無條件接受馬雲的決策，後來，阿里巴巴不斷增資，但孫正義仍占有 20％的股權，想必有很多人並不清楚，阿里巴巴這個大企業最大的股東是日本人吧！

我為什麼要說這個故事？因為當你成功創業後，將來一定會有創投主動來找你，這時你就可以把「馬雲條款」拿出來，把公司的估值提高。創投所占的股權雖大，但不能干涉你的決策權，可你得保證不會做假帳，一切帳務都經由會計師查核，這就是創投界都知道的「馬雲條款」。

舉一個反例，你知道博客來網路書店的創辦人張天立嗎？他原本是電子商務工程師，曾參與 Amazon 網站的建置工作；但當他看到創始人傑夫・貝佐斯（Jeff Bezos）所做的 Amazon 後立刻辭職，買了機票，帶著所有積蓄回到台灣，創立博客來網路書店。

可是博客來網路書店的創立時間點（1996 年創辦）不是那麼好，因為 2000 年的時候，世界發生了一件大事，那就是網路事業泡沫化，以網路股為主的那斯達克指數（NASDAQ）從 5,000 多點跌到 1,000 多點。而我的創業企劃書就是在 1999 年寫的，內容是說「希望能將自己所有的出版品全部電子化，未來一切都網路化、電子化」，這就是互聯網＋或＋互聯網的概念，但礙於網路泡沫，所以在 2000 年上半年的時候，有許多創投說要投資我，但我都不要、婉拒了。

總之，當創投拿錢給你、投資你的時候，雖然你可能急於用錢，但你也一定要跟他協議好，免得步上張天立的悲劇；他在 2000 年時，經營上財務出了問題，錢燒光了，於是找到統一集團增資入股，他們要求增資要占有 50.25％的股權，張天立說：「不行，只能占 49.9％。」聽到這，

統一就不投資了，後來張天立迫於現實，同意讓統一集團佔有 50.25％的股權，自己的股權不到 50％。

而統一入股之後，後來在經營方向上，雙方有不同的意見，便以最大股東權益來表決，在商場，誰的股權大，誰就是老大，把原創辦人張天立開除了，他雖然生氣，但又無可奈何，所以又創立了「TAAZE 讀冊生活」。

在 2000 年後，台灣還有一間排名第二的網路書店「新絲路網路書店」，它當時也同樣出現財務危機，所以後來賣給我。我以幾百萬台幣買下「新絲路網路書店」，新絲路當初創立時就投資了三億元，但我只開價幾百萬收購，還記得那時新絲路原本的大股東激動地問我：「有沒有搞錯？」

所以，創業不一定都要靠借貸的方式來籌措資金，下一章節為各位創業主們介紹最偉大的商業模式——眾籌，讓創業者都有圓夢的機會！

** 附錄提供創投必問的問題供讀者參考，若有需要可以翻到附錄 P278，為你的提案做好心理準備喔！

2 眾籌，讓群眾幫你集錢

　　如今，我們活在一個「人人皆媒體」（Everyone is media）的年代，社群媒體的興起讓每個人都有發聲的機會，以前的媒體注重傳播（Broadcasting）、內容控制（Content control）；現今的社群媒體則是分散（Distributed）、去中心化（Decentralized），可以仰賴無遠弗屆的網際網路，利用網站平台所帶來的募資功能，讓創業者無需衝到第一線，就能和潛在的投資者、消費者面對面，傳遞一切想表達的訊息，可說是創業另一條康莊大道。

　　許多人都有過利用創業來實現夢想、改變世界的想法，但要把腦海中的構想化為現實，不論是創新的專利研發或開間個性咖啡店，還是想拍攝一部動人的原創電影，都需要一筆可觀的資金。但這樣的夢想，你覺得一定要先砸錢才能達成嗎？當然不是，這已經是舊石器時代的思維了！現在，創業者可以藉由眾籌的概念創業，用別人口袋裡的錢，幫自己達成夢想，集結眾多網友的小額資金，為自己募集實踐夢想的創業基金。

　　應該有很多讀者都有聽過眾籌，透過網路平台，讓創意發想者能展示、宣傳計畫內容、原生設計與創意的作品，向廣大網友介紹這個作品、

構想的計畫，讓網友去評估、掏錢贊助，只要在限定時間募到目標金額，提案者就能拿著這筆錢達成夢想。

現代化的網路平台連結起支持者與提案者雙方，讓願意支持計畫的投資者最大化，將募資的觸角無遠弗屆。目前眾籌可概括分為以下四種。

① 股權式眾籌

最主要的眾籌類向是「股權式眾籌」，股權式眾籌指的是投資人透過網路，對提案進行投資，獲得一定比例的股權，即投資人出錢，發起人讓出一定的股權，而投資人經由出資，來入股公司，在未來獲得收益。

像鴻海集團的創辦人郭台銘身價兩千億，但他真的有兩千億的存款嗎？當然沒有。他的身價之所以這麼高，是因為郭台銘創辦了鴻海科技集團，擁有一定比例的鴻海股票，而那些股票的市值，便成為外界對他身價的估算依據，因為股票市場會將未來所有收入都「貼現」。

② 債權式眾籌

債權式眾籌是透過網路，投資人和籌資人雙方按照一定利率和必須歸還本金等條件，出借資金的一種信用活動形式。債權式眾籌通常是籌資人在網路上尋找投資人，也就是投資人是貸款人，籌資人是借款人，雙方約定借款種類、幣別、用途、數額、利率、期限、還款方式、違約責任⋯⋯等內容，並承諾給予投資人高報酬，對雙方其實都有風險。

舉例，假設我想開一間公司，需要一百萬元的資金，我將創業計畫書寫得洋洋灑灑，把公司說得天花亂墜，再把資金設定為 10,000 元為一個單位，所以我只要找到 100 個人願意借錢給我，那公司就可以順利

成立。而且，我向這一百人保證，三年後若事業成功了，我將返還每人
15,000 元，這就是債權式眾籌。

這種眾籌方式若想成功，關鍵在於風險控管能力，但風險根本無法控
管阿，所以我個人相當不建議你使用此種眾籌法。

③ 回報式眾籌

回報式眾籌指透過網路，投資人在前期對提案或公司進行投資，以獲
得產品或服務作為回外，即我給你錢，你回報我產品或服務；這是目前最
主流的眾籌模式。

例如我想出一本書，那我可以在網路放上書的企劃案，說明整本書的
整體架構及內容，只要你願意贊助 500 元，出版後，我就寄兩本新書給
你，如果你捐 1,000 元，那我就寄五本書給你，將募資條件完整條列出
來，等網友響應，過了資金門檻後，我就能順利將書出版，且我還可以再
問這些贊助人是否願意參加我的新書發表會，替我的新書造勢，一舉多
得。

④ 捐贈式眾籌

捐贈式眾籌指得是透過網路，投資人對提案進行無償捐贈，不求任何
回報，也就是投資人提供募資人金錢，但募資人什麼都不用給投資人。捐
贈式眾籌講白點就是在做公益，透過眾籌平台來募集善款，這類的眾籌方
式，多帶有公益色彩，適用於公益活動。

像我之前有出一本書《微小中的巨大》，書裡提到徐超斌醫師，這名
醫師十分偉大，怎麼說呢？在南迴地區（台東、屏東）的車禍死亡率甚

高，被當地人稱可怕的死亡公路，長達一百公
里，卻沒有任何一間醫療院所，於是，徐醫師
號召募款，打算蓋一座南迴醫院，讓當地的醫
療狀況能夠改善，積極奔走，尋求各方捐款贊
助，而我被這項募款深深感動、捐款。這就是
不求回報的捐贈式眾籌。

群眾募資在台灣雖然起步較慢，但也
在 2011 年底由優質新聞發展協會成立了
「weReport 調查報導公眾委製平台」，是國內眾籌平台的濫觴。至今，
線上募資的風潮方興未艾，已累積了不少成功案例，近年最著名的群眾募
資案例應該非《看見台灣》莫屬。這一部造成全台轟動的紀錄片，在首映
會募款目標為 200 萬元台幣，最後在 flyingV 成功募得 250 萬資金，由
已故導演齊柏林拍攝，他認為平面影像已不足以讓觀眾真實地感受到台灣
正面臨的危機，因而搭乘直升機進行高空拍攝，錄製這部紀錄片，讓大眾
看見我們所居住的土地滿目瘡痍的景象。

眾籌平台能達到的，不僅限於我們的創意，更能完成我們心中那小小
的夢想。曾有人因為憧憬能成為拯救世界的超級英雄，以回收鋁罐、漆包
線等五金材料，打造一款仿鋼鐵人的「超能心臟」為號召，獲得廣大迴
響，有近兩百人贊助，成功募得 12 萬元，是原先訂定目標金額的四倍，
連計畫發起人自己都嚇了一跳！且眾籌並非年輕人的專利，老少咸宜，只
要你能找到與你「心有戚戚焉」的同好，就能集資成功。

有一位年逾六十歲的爺爺級人物，銘傳大學中文系教授徐福全，透過
線上募資平台，完成自己的願望。他專精於台灣禮俗文化研究，畢生心

願就是修正錯誤百出的《家禮大成》一書，讓後世能正確使用婚喪喜慶禮俗。徐教授的計畫讓網友大大感動，短短三天就募到目標金額，共有一百五十位網友捐款支持，幫助他完成夢想！

且，眾籌平台也為創業者提供了一個絕佳的「試水溫」平台，你將企劃案公開給網友（投資者）瀏覽的同時，等於是將未上市的產品丟給消費者審視，可以藉此測試市場對該產品或服務的反應，以及它受歡迎的程度，檢驗你的創意是否可行。所以，你的企劃案一定要有足夠的內容，來說服這些潛在消費者及投資人，下面就來跟各位分享眾籌有哪些是必要的。

① 規劃好你的募資進程

眾籌就像出版一本書一樣，有前置作業、編制期，和上市期。你必須盡其所能的在專案推上募資平台前，籌備好你準備給大家看到的那一面，並預先規劃好一切可能發生的事情。

例如，你要事先計畫好所需的成本，撰寫文案、拍攝影片、繪製成品模擬圖⋯⋯這都需要耗費相當的時間與金錢。如果在成功獲得資金前你就燒光了「小朋友」，那一切努力也是枉然。

② 一定要製作專屬於你的影片

在將創業構想推上平台前，你必須至少拍攝一部影片來說明你的點子，透過影音短片募資的成功率，是沒有影片的兩倍；因此，若沒有執行這步驟，集資的活動很難引起眾人的注目，相當容易失敗。且很多時候，募資之所以會失敗，並非是別人不認同你的構想，而是對你的構想不夠了

解，所以你必須在影片中，確實表達出你的創意、構想，並展現出你的技術和特色，讓他們認為這是一項具有前瞻性、值得嘗試的提案。

③ 建構你的社群網路

在將專案推上募資平台的前半年，你應該在 Facebook、IG……等社群網站建立起你的網絡，而且與這項專案有關的任何網站都不能忽略。舉例來說，如果你要募資的專案是跟食品安全有關的，那你就必須和食品製作的上中下游、相關廠商和民間團體成為好朋友，甚至是建立相關的記者名單，向他們發布消息或新聞稿，這對你的提案會有很大的幫助。

另外，身邊的親朋好友也不能少，據研究顯示，有超過 30％ 的資金來自你前三層關係的社群網絡；若是和個人需求相關的眾籌企劃，比例甚至會超過 70％。

④ 擊中要害，你要了解投資者心理的「小聲音」

最成功的產品不一定來自最棒的創意，但它們有一個共通點，就是都能用一句話來概括描述。以 Twitter 發文來說，如果你可以在一百四十字以內表達你的點子，那就成功了。

因此，若要成功募資，「易於理解」是最基本的要件。你必須設法讓你的想法被大眾記得，而簡潔有力的描述，將會是你在大眾腦中留下印象的最佳利器。若你做得成功、容易表達，大眾自然會幫你宣傳；相反的，若你的點子難以表達，那即便你的構想被觀眾接受，他們也難以幫你散布。

5 讓你的專案透明化

在撰寫專案時，你要詳細說明專案的各個面向，包含專案的時程、經費的使用流向、參與人員……等，而除了專案，觀眾也會對發起專案的「你」感到好奇，所以，介紹專案外，好好介紹自己也是有必要的。此外，為了讓對方支持你，你還必須訴諸「感性層次」，藉由一個好的故事讓觀眾感受到，你正在做的事很「不一樣」，並不是所有人都能做到。

6 經營起這項事業——你必須投入、投入、再投入

千萬不要預期你提出專案後，就會不斷有錢挹注進來。美國一份調查報告顯示：成功募集超過一萬美元的案例，平均每天都必須投入近十個小時，而即使每天投入超過五小時，大多還是會淪為失敗案例。從這項數據中，我們可以想像，投入群眾募資，將會耗費你大部分的時間，因此事前的計畫和持續不斷的工作是必要的。

你可能會問，不是將專案放上平台後就開始「靜候佳音」了嗎？你和別人企劃案的勝敗關鍵，其實就在於你的一個觀念！專案曝光後，必須「時時更新」內容，更新即代表你要花費更多的心力，這樣才能讓知道這訊息的人持續收到通知，感受到你的誠意，尋求更多人的注意力和支持，增加募資成功的可能性。

創業計畫書

其實創業就像一場充滿冒險與驚奇的尋寶歷險記，而「創業計畫書」就是那張尋寶圖，只不過這張尋寶圖不只是展現夢想而已，還必須能讓你

按圖索驥、實現夢想。更重要的是,這張藏寶圖的用處絕非敝帚自珍,你要主動讓它在大眾面前曝光,作為向外界籌資溝通的工具。幾乎所有的天使投資人與創投,他們都是看到一份完整的執行計畫後,才會評估是否值得投資,因此,不管向誰提案,創業計畫書都是必須事前準備的重要事項。

創業計畫書的本意,就是要讓創業主清楚了解,你的創業是否可行,是否真的需要這筆錢,是否了解未來公司該如何運作;而撰寫創業計畫書的過程,正好能幫你好好檢視自己,幫助自己更明白事業該如何走。當然最重要的,是能藉著這份計畫書,讓你能 Show 出自己的公司、團隊與創新概念,以募得創業所需的資金。

大約有 90％的創業者在創業的過程中,沒有寫過任何一份計畫書,他們都憑著感覺創業,因為創業這檔事,真的會讓人千頭萬緒,尤其是像眾籌這種募資的商業計畫書。這麼想是正常的,更何況是第一次創業的「首創族」,他們對公司定位尚未明確,但不管你是否想透過眾籌來募集資金,我都會建議創業主們生出一份「創業計畫書」。

因為在寫計畫書的過程中,你會深入研究該產業,獲取專業知識,且撰寫企劃書,就如同在做一項完整的「產業分析」,可以讓你加速了解該產業消費者的習性,更徹底了解自己所在市場時情況以及競爭對手的能力;如此一來,你便能充分了解自己的優劣勢為何,做出相對應的調整。現在,我就來告訴你,一份好的企劃書該如何下手。

企劃書沒有一定的頁數,也沒有固定的格式,但還是有一些資訊必須提供給創投、天使投資人看到,方便他們做決定。有些創投公司每年所審的 Case 多達數千件,直接寫對方想看的,絕對是對彼此都有利的策略。

如果你是沒有提案經驗的人，那以下的架構能讓你切中核心，精準回答創投業者想知道的問題，多想、多動筆，保證讓你一回生、二回熟、三回成高手。

① 摘要（Business Overview）

包含創業動機、計畫目標、公司團隊簡介等三個部分。在撰寫這個段落時，必須強調計畫的重要性，你可以在此簡述公司成立時間、形式、創辦人資料以及夥伴的學經歷與專長，因何種契機或發展可能性讓你想創業。

② 產品或服務介紹（Product or Service）

這裡你要正式介紹你所端出來的「菜」是什麼，提出你的產品或服務在市場上的定位，並詳細敘述產品或服務的內容。以內容介紹來說，你可以參考此架構來描述你的產品與服務。

- 產品的原生概念。
- 性能及特性。
- 產品附加價值、具有的核心競爭優勢。
- 產品的研究和開發過程。
- 發展新產品的計畫和成本分析。

另外，請務必附上產品原型與照片（或 3D 繪圖）。若你的產品已取得專利或建立品牌，那一定要加以強調，且你的說明不僅要準確，更要通

俗易懂，讓不是該領域的專業人員（投資者）也能清楚明白。

③ 產業研究與市場分析（Market Analysis）

除了介紹產品優點外，投資者重視的更是獲利及能否解決需求。首先，你必須分析這個領域的產業概況與背景，讓對方了解你對市場並非一無所知；其次，你需要分析你的 TA、市場規模與趨勢，以及你的競爭優勢，然後再依此來預測市場佔有率及銷售額。除此之外，還可以在以下各項逐條分析。

- 該產業發展程度如何？現在的發展動態如何？至少要讓募資平台及創投們認為你的事業並非「夕陽產業」，不至於走入削價競爭的血海戰場中。
- 創新和技術進步在該行業扮演著一個怎樣的角色？
- 該產業的總銷售額有多少？總收入為多少？發展趨勢怎樣？
- 是什麼因素決定著它的發展？
- 競爭的本質是什麼？你有哪些競爭者？你又將採取什麼樣的戰略？如果你的商品跟別家賣的一樣，那消費者又為什麼要跟你買呢？
- 經濟發展對該產業的影響程度如何？政府是否有相關的輔導及政策推行？
- 進入該產業的障礙是什麼（資本、技術、銷售通路或經濟

規模……等）？你有什麼克服的方法？該產業典型的投資報酬率有多少？

- 市場上有什麼功能相似的產品或服務？（除了 UPS、DHL 這種快遞業，連 Mail 這種「非同業」也搶走郵局不少生意！）

在這個分析中，如果發現市場進入障礙高、替代產品少，則有利於創業主進入這個產業，反之，創業主就必須說明自己的技術、產品或服務，如何在激烈的競爭中存活下來；另外，創業主也應說明自己的事業如何在市場中占有一席之地。而對這份專業的分析方法很多，像有些企業會採取最廣為人知的 SWOT 分析，找出公司的競爭優勢、劣勢、機會、威脅，以擬定經營策略。

以華碩電腦為例，在創業初期，因其生產主機板的技術領先他國各廠（優勢），鎖定了主機板的研發，但創辦人在創業策略上，考量到當時台灣電腦業者在規格制訂上並不具有發言權（劣勢），且中國與韓國的生產技術已急起直追，為降低風險，因而制訂了「緊隨半導體龍頭英特爾」（機會）的創業策略。

這種追隨老大的結盟方式，使華碩在短時間內便隨著全球領導品牌打入市場，帶來高成長與高獲利，讓華碩能在創業初期急速擴張，站穩資訊產業的立足點。

你可能會想，這些比較、分析的東西，我連資料都沒辦法找到，怎麼可能寫得出來呢？別慌！其實以上資料，我們可以利用政府的出版品、大學論文、公會資訊……來取得，其中就有很多現成的分析。如果希望有更

精闢的觀點，你還可以直接打電話到同業公司詢問，或問該產業的親朋好友。經過這樣的過程，相信你的創業之路不再是「摸著石頭過河」，通往成功的道路儼然成形！

④ 行銷計畫（Promotion）

行銷計畫指的是你整體的行銷策略，通常你的產品賣得好或不好，並非完全取決於產品本身，更大的影響因素在於跟產品搭配的行銷計畫。通常會以行銷學上的4P著手：「產品（Product）」、「價格（Price）」、「促銷方式（Promotion）」及「通路（Place）」，藉由上述的觀念，進行產品的定價、未來的服務與品質保證、廣告與促銷方式、通路與產品的行銷。

⑤ 管理團隊（Management Team）

你可以寫公司的組織系統、職掌、主要投資人、投資金額、比例及董監事與顧問。現代的公司組織已打破過去金字塔式或傳統式工作分類，所以可能出現扁平式組織、工作外包或分包等新的工作模式。

⑥ 財務規劃與公司報酬計畫（Financial Overview）

包含成本控制、預計的損益表、預計資產負載表、預計的現金流量表、損益平衡圖表與計算。對這部分不熟悉的創業主可主動請教會計師，讓他們為公司做一次完整的財務健檢。

⑦ 結論與期許（Conclusion）

綜合前面的分析與計畫，說明你的事業整體競爭優勢為何，並指出整個經營計畫的利基（Niche）所在。期許你的事業未來能藉由對方的投資之力，強調投資案可預期的遠大前景，這項投資能讓事業從良好到卓越，使彼此邁向雙贏（Win-win）的局面。

最後，也別忘了要在創業計畫書後面附上能證實前述各項計畫的資料、詳細製造流程與技術資訊。看到這，相信各位創業者們已對一份完整的創業計畫書有通盤的了解，但計畫書要獲得投資者的青睞，光是結構完整、內容精確還不夠，畢竟架構是死的，計畫書還要有魂才行！

- 量身訂做，對審核者投其所好。
- 切勿刻意隱瞞企業弱點。
- 數字金額要合理。

創業是一種高風險的挑戰，如果沒有任何依循方向，很容易在市場濁流中迷失，所以創業計畫書扮演的正是指引創業者的明燈。創業，絕非是募到資金後就可以束之高閣，創業初期的構想只是一個開始，好的創意也只是個產品開端，計畫書規劃得再完美，也只是執行前的假設。唯有不斷檢視計畫書的構想，並跟著市場變化做出調整，適時添加新的元素或施以新的方針，才能在創業的道路上，釐清前進的每一步是否都駛於正軌，讓你的事業成長卓越、蓬勃發展。

為何很多好的專案都募不到錢呢？

　　細數眾籌的種種優點聽起來很美好，完全顛覆傳統借貸的遊戲規則，但現實總是殘酷的，因為在眾籌平台上提案，有規定募資期限，創業者必須在限制的時間內募到目標款項才算成功。因此，為免於募款失敗，你千萬別犯了下面這樣的錯誤。

❶ 沒有告訴網友「為什麼」要投資你

　　創業者最常犯的毛病就是「直線式」思考，只專注於自己要做的事，但眾籌平台上的網友一般都是社會大眾，能引起他們興趣的，不只是投資後會拿到什麼成品、得到多少回報等「理性面」的訴求而已；我們還必須告訴支持者「為什麼要做這些事？」及「為什麼你應該支持？」。

　　支持者願意投入金錢來資助一個構想，通常會帶有「感性面」，因此，我們必須告訴支持者計畫背後的來龍去脈，向他們細述一則則計畫背後的故事，讓他們了解這項計畫不只是機械式的投入與產出，更富有人情關懷與生命力。

❷ 過度依賴「文字」來表達你的訴求

　　科學研究證實，人類實際能專注的時間其實很短暫，因此「TED」才會限制每位講者只有十八分鐘的演講時間。而要在短時間內引起觀眾的注意，一張圖片往往勝過千言萬語，一支影片更勝於千百張圖片，因此，要成功獲得支持者的青睞，吸引他們打開錢包掏出鈔票，「圖像化」這工作可不能馬虎，適時地將你的構想、成果以影像或圖片呈現，可以讓你的

計畫更具體、真實，獲得支持者的喜愛。

③ 先靠自己拋磚引玉

好的開始是成功的一半，專案剛提出時，若網友覺得這個計畫響應的人數低落，那他們自然不會被此吸引、感興趣；人們通常都喜歡錦上添花，願意雪中送炭的人非常少。所以當你把專案放上平台後，一定要先拉一些身邊的親朋好友支持，這樣網友在平台上看到企劃有人響應，也會激起他們的好奇心想了解。你應該沒看過任何一個街頭藝人的帽子空空如也，對嗎？

④ 要讓支持者看懂錢的用途

投資者在投資時，要知道募資達標後，將會完成什麼具體且明確的事情，所以一開始就說清楚你要做什麼是很重要的，這是一個讓人們了解你和企業的重要機會；尤其是當人們在你的願景上下了賭注，讓一切變得清楚、透明是很重要的，包括如何使用這筆資金，以及你會遇到哪些挑戰……等。

⑤ 丟訊息、發廣告，積極增加曝光度

試想，你每天都會逛哪些入口網站？頁面上又有哪些廣告？雖然你可能會認為頻繁發出訊息是在騷擾對方，但其實很多人需要透過這樣的方式，才會引起他們的注意。所以如果你只對網友送出一次訊息來推薦自己的企劃案，那結果必定是石沉大海！

創業者要盡量將企劃的能見度最大化，不同年齡、不同領域的人接收

訊息的媒介也不盡相同，所以不論是實體還是線上網路，都要盡力尋求曝光機會。

6 亂打「名人牌」

許多人為了讓自己的計畫有亮點，通常會以名人推薦的方式來宣傳，但這招絕非萬靈丹，有時甚至會帶來反效果。你要確保那位名人與你的募資計畫的議題是有關連性的，不然花了錢還得不到效果，適得其反。

相對於傳統的融資、借貸方式，眾籌的商業模式更為開放，不僅入門門檻低、提案類型多元、資金來源廣泛、注重原創精神……為創業者提供更多無限的可能，實現心中的夢想。

3 人脈是創業最重要的本錢

有人說：「一個人的一生，二十歲到三十歲時，靠專業、體力發展事業；三十歲到四十歲時，則靠朋友、關係發展事業；四十歲到五十歲，則靠事業壯大事業。」我們不難發現人脈在一個人的成就裡扮演著多麼重要的角色，特別是在現今如此高速發展的知識經濟時代，人脈關係在一定程度上，已超過所學的專業知識，成為個人通往財富、成功的門票。

在創業這片浩瀚大海中，我們可以在許多成功者的背後看到人脈關係的重要性，其中不乏求學時期的同學，甚至各種社會在職的進修班、研修班的同學也是。有位創業者在接受《科學投資》（中國創業投資理財月刊）採訪時曾說：「他到中關村創立公司前，曾花了半年的時間，到北大企業家特訓班上課、交朋友，公司在草創期的的十幾筆訂單，都是透過同學訂購或介紹的。」

多虧人脈的支撐，才讓他在創業之初能順利發展起來；他正是利用人脈關係幫自己度過第一關，開拓一片廣闊的事業前景。所以，創業者絕對要將自己的人脈資源經營好，因為依靠人脈帶來的效益並非暫時的，長遠來看，能起到不少作用，是開拓業務和事業發展的有利條件。

王棹林是一間小企業的老闆，依靠承包大品牌電器公司的業務營運，他之所以能長期和大企業合作，便是因為他的社交模式與別人不同。他不僅和公司的大人物保持良好的關係，跟一般職員的關係也相當良好，在閒

暇時間，他總會想方設法地將合作廠商所有員工的學歷、人際關係、工作能力和業績……等進行全面的調查和了解，只要認為這個人對該公司未來有幫助並可能升遷，他就會更積極地與對方互動。

王棹林說：「這麼做，是為了日後獲得更多的利益而做準備。」他知道，十個受重視的人當中，肯定會有九個能替他帶來意想不到的收益，現在盡力經營的這些人脈，日後定會有豐富的收益。

他透過長期的發展和累積，巧妙地利用人際關係建造了自己的人脈，把他們當作未來事業發展的資本，始終用心經營著這些人脈，讓他們為自己拓展業務、創造財富。

人脈在事業的發展中，能起到的作用是很可觀的，若能懂得經營人脈，那就等於掌握了成功的方法。所以在日常生活中，我們要學會經營自己身邊的人脈，以便時機成熟時能為自己所用。那我們該如何去執行呢？以下提供幾點讓各位創業主們參考。

① 學會換位思考

要想獲得別人的青睞，得到他人的理解和支持，就要先學會理解別人，懂得換位思考。當你處在對方的角度，便能設想出他要的是什麼，希望從外界獲得什麼樣的協助，這樣你才知道自己該如何做，獲得兩全。人都是互相的，唯有你理解別人、設身處地的為他人設想，別人才會反過來幫你。

② 真誠友善待人

人是非常奇怪的動物，當別人對我們好的時候，我們通常不會馬上感

覺到；但別人的不友善和敵意，我們卻能在第一時間就感覺出來。因此，如果你總對他人懷有敵意，那對方絕對會在第一時間便感受到，並以同樣的方式對你，甚至將你列為黑名單。要想擁有廣泛的人脈，就先學會處理人際關係，真誠友善地接納別人、關心別人。

③ 建立誠實守信的形象

誠信是人與人之間交往的根本，如果一個人毫無信用可言，對待他人只是一味的承諾卻從不實行，自己還覺得理所當然、沒什麼大不了的，相信誰也不願意浪費時間和他多說幾句話。

想必大家都聽過《放羊的小孩》，愚弄別人反倒傷害了自己，失去別人對自己的信任；所以，和人交往要做到「誠信」為先。

④ 增加自己被利用的價值

要想利用別人，就要先學會被別人利用，如果自己一無是處，還想著打交道的人都要是社會名流，你認為可能嗎？記得先完善自己，讓對方覺得你是個「有用」的人，才能讓他成為自己的人脈基礎。

⑤ 樂於分享，善於助人

不管是資訊、金錢利益或工作機會，只要是有價值的東西，你能學會與人一起分享，就會有人願意和你交往。所以，只要有朋友需要幫助，並在自己能力範圍之內，就盡力去幫，尤其是在危難和緊急時刻，你今天的幫助，也許能成為你未來成功的關鍵。

6 保持對他人的好奇心

若只關心自己，對別人、外界不感興趣的人，別人也會失去對你的興趣，導致自己孤單終結；保持對他人的好奇，關注別人的動態，是拉近人與人之間的橋樑。

錯綜複雜的人脈資源，猶如成千上萬根交織在一起的線條，不整理便會亂成一團麻，自己也分不清哪根是哪根。所以，我們要懂得將人脈關係進行清理、分類，誰擅長哪一行，主要是幹什麼的、有什麼用，自己要相當清楚，以便能隨時為自己所用，成為創業成功的紐帶。

以人脈開拓錢脈

史丹佛研究中心曾發表過一份調查報告，得出結論：一個人累積的財富，只有 12.5％ 來自知識，另外 87.5％ 仰賴於人脈關係獲得。另一份富人調查報告則顯示，全球各國富人數量排位，美國、日本和德國分別為前三名，中國排位第四，這些富人當中，有 8％ 的人，他們既無生產或經營公司，也沒有任何專利技術，全靠人脈關係來致富；有超過 75％ 的人，他們除了生產或經營公司及專利技術外，還有另一個最主要的原因——善於經營人脈。

現在很多人在事業上已大有成就，卻仍堅持去學校或培訓公司報班學習，為什麼？他們之所以去學校進修，主要是為了到學校「掘金」。現在各大專院校的進修班相當受歡迎，如企業家班、金融家班、MBA 及 EMBA，這類課程的學費雖然高得嚇人，但還是每期爆滿，因為學習知

識只是他們報名一小部分的原因，結交朋友、拓展人脈才是他們的關鍵所在。有些學校更在招生簡章上直接點出：「擁有學校的同學資源，將是你一生最寶貴的財富。」可見人脈在事業發展中占的比重有多高。

50年次的凌航科技董事長許仁旭，正是一個靠人脈競爭力打天下的例子。當初獨自一人從彰化縣鹿港小鎮到竹科闖蕩，許仁旭沒有顯赫的學歷與家世背景，現今卻被外界估計有數億元的身價，身兼十幾家科技公司董事長。

若你問他Know-how在哪裡？他的回答肯定是：「就是靠朋友。朋友越聚越多，機會越來越多，很多的機會都是自己當初沒想過，也沒看過的，這些都是機緣。」許仁旭口中的「機緣」，其實就是他重義氣累積而來。

出身台積電業務人員的許仁旭回憶：「憑我這樣的學歷（中山大學畢業），當年要進台積電或任何一家科技公司談何容易？一切都只能靠朋友介紹。」就這樣，許仁旭在台積電時，負責凌陽的接單業務，因此與凌陽的董事長黃洲杰建立起深厚的感情。現在，他是凌陽集團轉投資業務的重要顧問。

而在證券投資界，56年次的楊燿宇也是將人脈競爭力發揮到極致的個案，他曾是統一投顧的副總，一年前退出職場，為朋友擔任財務顧問，並擔任五家電子公司董事，據推算，他的身價應該也有近億元之多。為什麼一名從南部北上打拚的鄉下小孩能快速累積財富？

楊燿宇說：「有時候，一通電話抵得上十份研究報告，我的人脈網絡遍及各領域，上千、上萬條，數也數不清。」

所以，人脈資源並不是你想要，它就會主動找上門，而是你要主動去

尋找、去挖掘，平時便要多多累積，積極發展自己的人脈存摺，等到有需求時才能集中爆發，讓人脈發展成為自己的錢脈。那我們平時又要如何累積人脈，為自己的創業開路呢？

① 多結交成功人士

俗話說：「近朱者赤，近墨者黑。」當我們周圍都是一些成功人士時，我們就會在不知不覺中，被他們身上那積極向上的動力所感染，從而學到一些成功因素，且他們的成功經驗可指點我們前進，激勵我們不斷前行，成為我們學習的榜樣。

最重要的是，這些成功人士能在關鍵時刻，給予我們實實在在的幫助；在危難時刻拉我們一把，讓我們離失敗遠一些，離成功更近一些。

② 充分利用同學資源

在創業的階段，我們要好好利用念書時期的友誼，讓這些關係更進一步，使它變得更有價值一些。雖然畢業之後，大家因志趣不同、各奔東西，都從事著不同的行業，你可能會因此而卻步，認為產業不相關而不敢與他們聯繫，但正是這樣才能產生互補的可能，利用不同行業的優勢，來為自己的事業提供不同的幫助。如果能有人與你志同道合、一起創業，那他就是最好的合夥人。

③ 充分利用同鄉資源

「老鄉見老鄉，兩眼淚汪汪」這類的人脈，往往會有特殊的情感參雜其中，共同的人文地理背景，使同鄉有一種親近感。像曾國藩用兵就喜歡

用湖南人；中國史上最成功的兩大商幫，徽商和晉商不管走到哪裡，都喜歡結幫互助，在同鄉之間互為支持，因而成就歷史上的輝煌。

假如你現在已大有成就，恰好碰上一個同鄉和你在同一地區開個小商店，你肯定或多或少會照顧他的生意，總覺得同鄉之間就應該相互幫助。所以，同鄉這個在當今社會看似不起眼的資源，在很多時候都能替自己帶來一些意想不到的效果，值得我們好好利用。

④ 善用職場資源

從我們離開學校的那一刻起，接下來的漫長工作生涯，陪伴我們的也由同學變成共患難的同事。在這部分人脈中，有些能成為自己未來創業的合夥人或提供資金的援助。所以，職場也是相當重要的人脈獲取管道，一定要善於利用。

從現在開始，各位創業者們一定要懂得廣結人緣、拓展人脈，因為，在我們未來的事業中，你所結交的人脈資源，將在某個成熟的時機轉化為賺錢的資本。一個人脈競爭力強的人，他擁有的人脈資源相較別人廣且深，在平時，這個人脈資源可以讓他比別人快速的獲取有用的資訊，進而轉換成工作升遷的機會，或者財富；而在危急或關鍵時刻，也往往可以發揮轉危為安，或臨門一腳的作用。

曾任茂矽電子副總經理、現任得詣科技總經理的梁明成觀察，在新竹科學園區，有許多工程師將心力全都放在技術研發上，因而忽略人與人之間的互動，缺少了個人競爭力的槓桿相乘作用（leverage）。梁明成說，專業與人脈競爭力是一個相乘的關係，如果光有專業而沒有人脈，個人競

爭力就是一分耕耘，一分收穫；但如果加上人脈，個人競爭力將是「一分耕耘，數倍收穫」，這就是前面所述「借力」的觀念。

　　總之，在這個大雜燴的群居社會，我們不僅要做最好的自己，還要讓自己沾上各種人群特有的色彩，拉近與各種各樣人群的距離，廣結人緣，為自己打下堅實的人脈和客源基礎，成為創業的推動力。

4 創業，隨時都是一顆未爆彈

　　針對創業失敗原因的分析顯示，有 98％的主因是因為管理上產生嚴重失誤所致。它主要包括了不能正確評估自身的創業構想、實施注定失敗的創業計畫、缺乏基本的管理知識與經驗、專業知識不足、無法處理事業與家庭之間的平衡關係等，因素很多，但我認為主要原因如下。

① 進貨不慎

　　生意買賣離不開貨物，而貨物品質如何、價格如何、運輸過程是否順暢等等，都是決定成敗的關鍵。如果進的貨物樣品不對，或運輸過程中貨物損壞變質，便注定虧本，造成得不償失的結果；要是沒有事先進行市場調查，盲目進貨，導致貨物成為滯銷品，其後果更是不堪設想。

　　某貿易公司的老闆，在他十多年的經商生涯中，就有三次因進貨不慎，導致血本無歸的慘痛經驗：首次是在 1984 年，他進口一批服飾，進貨前，對方給他看的樣品衣品質良好，隨即決定進貨，但貨到之後，打開包裝一看，裡面竟全是又破又髒的劣等品，害他血本無歸；第二次是在 1988 年，他從中國蘭州買了兩車哈密瓜，當時在蘭州上貨車時全是新鮮的極品，誰知運抵目的地卻爛了大半；最後一次是 1993 年，他進了二噸的鋼材，購買前的市場價格是每噸 3,800 元，沒想到進貨後，市價卻滑落到每噸 2,800 元，現虧了 20 多萬元。

綜觀這些進貨不慎的原因有：

• **盲目相信別人**

對別人（特別是熟人）傳遞的訊息不做任何調查及市場分析，一味地聽從與相信。一般人通常對熟人的介紹不會起任何疑心，當然熟人的介紹，有時是真、有時是假，有些是無意、有些卻是有意的欺騙，因此進貨時要認貨不認人，凡事一定要認真謹慎地調查，仔細核對，鑑別真偽，以防上當受騙。

• **貪小便宜**

奸詐之徒為了釣你上鉤，會先讓你嚐到甜頭後，再對你下手。例如，在你們還沒開始談生意前，他會先請你大啖一桌美食，試想酒足飯飽後的你能不上鉤嗎？當他晚上提著禮品到你家，收下禮物的你能不手軟嗎？或是他知道你想處理什麼事，便對你許下承諾，滿口答應要幫你辦到，等你上鉤後，他就把偽劣商品賣給你，不是數量不夠，就是短斤缺兩，等你發現受騙時，對方早帶著你的錢，遠走高飛了！

• **求財心切**

某些剛學做生意的人，看見別人生意興隆，財源滾滾，也希望自己能賺大錢、發大財，而且心急得彷彿是要在一夕間成為大富翁，所以不管這批貨好不好賣，便盲目進貨，但這樣的下場往往是資金付了出去，貨物卻無法順利售出，甚至可能血本無歸！雖然說希望發財致富是人之常情，但千萬不能魯莽而行。

• **對市場行情不了解**

有些人以為做生意很容易，不過就是出錢進貨的買賣而已，但做生意其實是門高深的學問，特別是如何進貨、何時進貨、什麼地區又適合進什

麼貨尤為重要，我們可經由深入的市場調查，準確地掌握市場行情。凡是生意失敗的人，大多數是因為事前沒有做好市場調查，只憑一時的心血來潮，或道聽塗說就盲目進貨，導致經營產生嚴重的虧損。

❷ 用人不當

如果把工作交給不負責任的人去執行，他必然是成事不足、敗事有餘；如果把錢交給靠不住的人管理，那更是有去無回。以上兩點是在用人時千萬得注意的部分，諸如採購、會計，都要認真挑選，如果品行不佳、素行不良，即使能力再好，也寧可不要任用。

創業者在招募人才時，除了注重專業能力和才華之外，人才的忠誠度和責任感，一定要列入考量。如果管理者在面試時不留心應徵者的品德，日後也沒有培養出忠誠度，那發生危機之時，那些優秀但忠誠度欠佳的同仁就會選擇另謀高就，尋找自己的第二春，沒有和公司共存亡的團隊意識，更可能將公司資料帶走，造成二度傷害。

亞都麗緻大飯店前總裁嚴長壽在擔任運通公司總經理一職時，對公司「國際領隊」一職的篩選特別嚴格。常常兩百至三百名應徵者中只有十二位可以接受職前訓練，而經過訓練，可以成為正式員工的只剩下二至四人。

在應徵的最後一關，嚴長壽會誠懇地和面試者說：「國際領隊職務上的條件要求非常多，它不僅考驗你的語文能力、旅遊經驗和世界地理常識，在任職中遇到的每個問題，都是在考驗你待人處世的能力。」所以，除了口試、筆試之外，嚴長壽更重視人格上的觀察，一旦發現受訓者的個性、態度有嚴重缺失，就會立即發出解聘通知書，終止培訓計畫，並結算

該員工受訓期間的薪水；就是這麼嚴謹的人事任用態度，才能確保員工的品德沒有問題。

除謹慎挑選新進人員外，創業者應該對自己公司的現職員工時時進行教育，加強員工的團體意識和忠誠度。用人的過程中往往會遇到一個問題是就靠得住的人沒有能力，而有能力的人卻靠不住。此時應將問題具體分析，也就是說需要可靠的人處理的事，就選擇靠得住的人去執行；至於需要有能力的人去辦的事，就交託給有能力的人處理，同時再想辦法監督或約束他。

③ 決策失誤

古人有云：「棋差一著，滿盤皆輸。」經營決策是否得當，直接關係到生意的成敗。如果在投資、生產、進貨等方面考慮得不夠周延，將會造成決策上嚴重的失誤，故而在決策前要做好以下準備工作。

- #### 切忌人云亦云

進行投資決策前，要對當前的社會狀況、政府政策、對方的實際財力、人力、物力及當地儲運、原材供應、能源、水電、行銷通路……等，做好深入調查，隨時掌握第一手資訊，切忌人云亦云、道聽塗說，也要避免或者、可能、大概等等不確定的意見或答覆；一是一，二就是二，有多少說多少，否則將為決策埋下隱憂。

- #### 留有餘地

投資前要有充分的心理準備和物質準備。比方在開支方面，要估計的準確些，收入則要少估計一些，對盈利不要過度樂觀，經常會有意想不到

的事情發生。例如，開一間商店、經營一家工廠，你的預算雖然是五十萬元，但你隨時都要有透支的心理準備，否則到時超出預算而無法收尾，你就束手無策了。

• 隨時檢查修正

任何決策在開始時，未必能盡善盡美，或多或少會存有一些問題，所以要留意決策的實施過程，才能在發現問題時便加以糾正，挽回敗局，避免更大的損失。

4 地點欠佳

如果經營的地點選得不夠好，也會讓生意做不起來。開店離不開顧客，要是顧客寥寥無幾，門可羅雀，那即便你的店面再大、陳設再豪華，也於事無補。況且經營還要支付房租、稅捐、水電費、工資……等費用，若沒顧客，營業額少得可憐，營收利潤自然就無從談起，生意狀況入不敷出，赤字上升，時間拖得越久，虧本也就越大。

5 勾心鬥角

凡是公司內部有勾心鬥角的情況發生，其結果通常都是很不樂觀的。諸如管理階層間的勾心鬥角，管理者與員工們間的勾心鬥角，甚至是董事們，都會導致公司失敗。

6 管理不善

如果高階經理人的經營管理能力欠佳，即使是有著龐大資本的公司，也會面臨失敗的命運。例如，管理者不善於領導、統御員工，賞罰不明、

計畫不周，員工素質差又不予以在職培訓，亦或是員工對顧客態度惡劣，你也不採取改善措施，另外像財務狀況混亂……等等，都會導致公司倒閉或破產。

對任何一間公司來說，穩定的財務狀況才是營運的關鍵，每筆金流都要詳加核實，下面提供五點，讓創業者們參考，以避免日後因財務問題導致創業失敗。

- 確認付款的對象及合作對象未來的存在與否。經營公司，勢必會有一些款項需要支付，所以在付款時，要妥善查核對方的支付狀況，確認是否符合常態或有任何異樣。
- 核對時，若發現有款項不該支付或有些許爭議，那就要思考是否要與對方繼續合作，對公司會不會有不良的影響。
- 與任何一間公司、廠商合作，彼此之間最好要簽訂合約，任何合作事項皆參照合約內容執行；若對方與你商議，那要注意合約中的罰則及嚴重條款，有任何不合理處都要留意，加以避免。
- 時時留意公司的財務狀況。
- 支付貨款或其他款項時，可多留意之間是否為「滾動式支付」，來評估優先處理順序。

在創業的過程中，許多時候會有很多難處，尤其是創業初期現金流不穩定，又要控制資金的運用與流量，這才是真正在考驗創業者財務觀念的

部分。

　　把自己當成某大集團的老闆，這個集團的成員就是你自己一個人，因此你要有財務觀念，要了解最基本的作帳，並留意公司的財務狀況，更要懂資產與負債。羅伯特・清崎當初否定了世界上所有的會計師，他最有名的一段話：「什麼是資產？什麼是負債？能幫你帶來收入的東西叫資產，不能幫你帶來收入，還會讓你花錢的東西叫負債。」這就是富爸爸窮爸爸偉大的定義，如果你深知這個定義，那你的創業必能成功。

面對問題，要有解決問題的能力

　　二十一世紀，是一個沒有標準答案的時代。日本管理大師大前研一在名著《即戰力──成為世界通用的人才》中，將「問題解決力」置於新世代菁英必備能力的首位，即能從錯誤的結果，推導出形成錯誤的鎖鏈，從中抽絲剝繭看穿問題核心，進而清除問題的根源，在沒有標準答案的前提下「創造答案」。

　　好比數位科技的誕生，它宛如一把雙面刃，不僅營造日常生活的便利與效率，但也同步攜來更多毫無前例的問號。正如大前研一所言「舊道路再也無法通往新的成功」，若能超脫紙本理論與昔日經驗的根基，掌握「問題解決力」的精髓，即可將種種不確定性逐一攻破，拓墾出自己獨一無二的成功捷徑。

　　成立於 2002 年的巨騰國際，目前躍居全球最大筆記型電腦機殼生產商，不僅出貨量世界第一，產品優良率更是無與倫比，以後起新秀之姿向稱霸的鴻海大下戰帖，在短短五年內，讓同業排名重新洗牌，登上塑膠機

殼產銷之巔，成為鴻海集團郭台銘最大的敵手，箇中關鍵就在於董事長鄭立育超強的「問題解決力」。

2003 年，根據鴻海旗下團隊握有的「巨騰 SWOT 分析」，鄭立育勇於面對敵手的批判，積極針對 W（Weakness）與 T（Threat）進行大刀闊斧的改革，例如公司財務彈性低這項問題，他以全面性的低價策略橫掃市場，果然迅速拔得市佔率頭籌；在此之後，他又於 2005 年在香港上市爭取集資，以速度及過人的魄力來填補企業弱點。此外，為了解決筆記型電腦的外觀瓶頸，鄭立育採取多色彩策略，挹注高達 8 億元的資金發展彩色機殼，創造高度產品差異化，成為公司成功的關鍵。

美國競爭策略學者麥克‧波特（Michael E. Porter）曾說：「企業要維持競爭優勢，一定得靠差異化。」只要發現可能的「答案」，那就毫不手軟地往「問題」模板填塞，不僅碰撞出驚人的火花，更碰撞出飽和市場中的嶄新藍海。

「發現問題」是一門藝術，「解決問題」則是更深層的功夫，在問題當前保持從容沉著，剝除繁瑣的知識外衣，透過傑出的邏輯思考、創新的方案發想，生產出與問題完美契合的鎖鑰，就能在既有的荊棘叢間，開啟一扇通往藍天的大門。

但隨著網路資源唾手可得，幾乎只要問題一拋出去，就會有無數答案如雪片般紛飛而來，我們卻也因此忽略了尋找答案的訓練，解決問題的能力不斷被啃蝕殆盡，在無形中削弱自身邁向成功的資本。

YouTube 創辦人陳士駿，當初在不到三十歲的年華，便透過這個全球共享影音平臺的魅力，狠狠擊敗搜尋引擎龍頭 Google，一夕之間從債臺高築變成百億身價，這一切的根源，即是他在伊利諾數學與科學學會附

屬高中（IMSA）與伊利諾大學香檳分校受過的「問題解決」教育，並確實實踐在行動上。

陳士駿在一次與友人的聚會上，拍攝了許多活動短片，後來發現沒有合適的影音平臺得以分享，其中不外乎是上傳功能的限制或網站審查機制，讓影片分享步驟繁瑣，資訊無法即時交換。而陳士駿正好就是主修電腦科學，面對眼前的技術問題顯得躍躍欲試，決定與同事攜手建構出一個便利的影音分享平臺，克服這個全世界都可能遇到的障礙。

為了解決當時影片分享的困境，陳士駿經由「換位思考」，將自己假想成消費者，推出「嵌入式服務」這項創舉，讓上傳影音的使用者，能輕易在自己的網頁上瀏覽畫面。除此之外，上傳影片不需使用特定軟體，也不用經過審查機制，另開發出會員專屬的片單管理與訂閱系統……等，不僅為消費者遇到的分享「問題」，提供了一個完美的「答案」，更預先解決了消費者尚未提出的問題。

再舉另一個例子。2006 年，Yahoo 以 7 億高價收購無名小站，無名小站的創辦元老簡志宇也順理成章地進入 Yahoo，擔任無名小站事業部的總監，身價早已遠遠超過 7 億這個數字！

數位相機剛開始流行的那個年代，雖然拍照變得簡單又方便，卻嚴重缺乏分享相片的平臺，當時全臺灣最大的網路相簿，即是官方提供的臺北市鄰里社區聯網（Taipeilink），但每個帳號只有二十張照片的容量，操作介面也不甚便利。

當時正在就讀交通大學資訊工程系的簡志宇，發現分享相片這個廣大需求市場，於是善用自身的資訊專長，創立「無名小站」，並於 2003 年成立公司，利用網路使用者愛看漂亮女生的心態，到 Taipeilink 連結許多

美女照片，進行「挖角」動作，隨著年輕女孩一傳十、十傳百，紛紛註冊為無名會員後，無名小站的聲勢一路水漲船高，顛峰期將近七百萬名會員，平均每三個臺灣人，就有一個人擁有無名小站帳號！從找到問題為出發點，進而找到答案，無名小站就在這樣的契機之下，迸發出無可遏止的力量。

找問題，就像在前往目標的旅程中，先行勘測出路面的起伏與窟窿，預見未來可能遭遇的顛簸；而找答案，則是用智慧的結晶填補這些坑洞，鏟平所有通往成功的阻礙。

我們常聽人說：「家家有本難唸的經」或「清官難斷家務事」，言下之意，大概指的是，每個家庭都有其很困難的問題沒辦法為人所道，或是經由旁人來解圍；其實經營企業也是如此，每家企業也有本難唸的經，與沉重的負擔問題，所以，我想藉由長榮海運和宏碁電腦為例，針對他們在面對問題、解決問題的策略作說明，幫所有創業家解開各自的問題點，讓每個事業體都能朝卓越的頂尖企業、商家來邁進。

❶ 長榮海運打破遠東運費同盟的獨占

在 1970 年代末期，遠歐海運航線是一條貨源多、價格高的「黃金航線」，但這條航線卻長期被「遠東運費同盟」所壟斷。在旺季時，他們會挑選運價特別高的貨物承攬，至於運價較低的貨品，隨時都有可能被退關，而且在價格的制訂與收取上，經常任意調高，若貨主不從，運盟就會取消其裝船的權利。以往台灣的幾家船公司都曾試圖以聯營的方式行駛這條航線，但處處受到阻礙，根本攬不到回程貨物，最後只好退出這個市場。

長榮海運當時的航線已遍及美國、中南美洲及地中海各國之間，在業界及貨主間建立起相當不錯的口碑，於是張榮發將開闢遠東到歐洲全貨櫃定期航線為長期發展目標，然而當時的遠歐航線不僅總部設在英國倫敦，還由歐洲各大型輪船公司把持著，若要脫離其組織，試圖以聯營的方式行駛這條航線，簡直是難上加難；不過當時張榮發還是信誓旦旦地宣示：「我們既然要做，就要有破釜沉舟的決心，不能半途而廢。」

張榮發可不是說說而已，他立即展開市場調查，派遣數批市調小組前往德國、英國、法國、荷蘭、比利時、西班牙、義大利等地，對當地貨源分布與港口設備徹底的了解一番，同時也馬不停蹄地拜訪貨主，他發現貨主如果一年內裝貨超過一定的數量，運盟會退佣金給貨主；但如果貨主的商品上了盟外公司的船，那就拿不到退佣了，還會被列入黑名單，拒絕再承運他們的貨物，所以貨主都不敢與盟外船公司接觸，當然也包括長榮海運在內。

張榮發了解到貨主的顧慮與問題所在，如果長榮海運沒有做好萬全準備，存著試探的心態，就會被踢出這個市場，且這些貨主會被運盟修理得更慘。為此，張榮發指示長榮海運的營業人員向這些貨主擔保，長榮海運一定會堅持到底，即便虧錢也會繼續派船行駛，請大家放心把貨交給長榮海運的船。

長榮海運完成周延的市場調查後，為了配合新航線的需要，馬上在國內建造兩艘新型全貨櫃輪——長生輪、長強輪，開航日期選在 1979 年四月，以每十五天一航次服務貨主；縱使開航之前遇到遠東運費同盟的抵制及韓國朝陽海運取修聯營的計畫，也還是阻止不了長榮海運「長生輪」在 1979 年 4 月 10 日首航遠東至歐洲全貨櫃定期航線的行動。雖然長生

輪第一次航線並沒有載滿，只達到 70％的載貨量，但經過四至五次的航運，運量漸漸開始載滿，並一直維持穩定的成長，讓長榮海運一躍躋身世界七大貨櫃輪船公司。

2 施振榮取法電腦主從架構，成功解決「內部移轉價」問題

在 1990 年代，個人電腦崛起，成為小型企業及家庭的最愛，但如果與大型電腦相比，在運算能力和儲存容量上仍無法比擬，針對這個問題，電腦業界就推出了以工作站和個人電腦為主軸的主從式架構的電腦系統。這個「主」可以是高階個人電腦，「從」則是中、大型電腦，甚至是超級電腦。而「主」平常各做各的事，當遇到不能解決的問題，就透過網路交由「從」來處理，有趣的是，「從」的能力雖然比「主」還要強，但扮演的不是指導的角色，而是服務的角色，主導權在「主」電腦身上。

宏碁電腦創辦人施振榮就是由「電腦主從架構」獲得企業革新的靈感，像宏碁關係企業「內部移轉價」的問題解決之道，就是由此「電腦主從架構」而來。在 1990 年初，宏碁生產的主機板主要供應給自己的關係企業，由於訂單有保障、生產效率不高，成本更是居高不下，造成宏碁關係企業的一大負擔，因為宏碁的關係企業必須以高於市價的「內部移轉價」買入這些主機板，導致宏碁生產的個人電腦成本增加，市場競爭力因而跟著降低。

為了打破這種不合理現象，施振榮成立一個新部門生產主機板，賦予它完全自主的採購、營運權，更沒有義務一定要像宏碁關係企業購買原材料，但也沒有特權以高於市價的產品賣給關係企業；在這樣完全自主的管理制度之下，這個新部門很快就達到與市場價格競爭的實力。

　　施振榮從主機板生產業務轉型成功的經驗獲得了一些心得，他發覺，宏碁電腦公司總部對子公司和關係企業照顧太多，養成他們依賴的個性，反而形成企業的包袱，「內部移轉價」的問題就是一個很好的例子。他強調，如果讓子公司和關係企業自己當家做主，不必事事聽命於企業總部，也不必承擔其他關係企業的包袱，就能提高生產效率，靈活應變市場變化。

　　於是，施振榮將電腦系統中的主從架構運用在企業管理上，把分散在國內外的關係企業與子公司全都當作「主」，要求他們自行做決策、經營，企業總部則扮演「從」的角色，不再對子公司和關係企業發號司令，只扮演協調、諮商的角色。

　　果不其然，在這樣的「電腦主從架構」管理制度下，讓原本奄奄一息的宏碁，自 1993 年開始轉虧為盈，在 1995 年以晉身為美國市場第八大品牌，全球第七大個人電腦廠商，同年更躋身台灣第三大製造業廠商。

5 善用商業創意，翻轉出市場新天地

　　面對經濟全球化的浪潮，大從跨國企業，小到個人經營的事業體都在追求服務與商品的創新，因為當市場競爭上升到一定熱度後，只有發揮創意找出新亮點、突破僵化框架，才能在市場中延續競爭優勢、提升戰鬥力，這也使得「創意」一詞與市場生存機會綑綁在一起，對創業者來說，創意是開展事業的重要推手。

　　在構思創業計畫時，創業者都會經歷一段創意發想的腦力激盪期，但儘管將各種想法、主張或概念經過打磨拋光後，轉化為完整的創意，也不代表創業者從此一帆風順。有些人會執拗於原始創意不可動搖，因而忽略消費者的實質需求；或過度迎合市場，造成原始創意特色的分崩離析，所有創意的成敗，最終都以市場表現作為評斷標準，只要失去消費者的支持，創業者的創意點子有多好，也無法散發光芒。

　　也就是說，當你想發揮創意為自己打造創業優勢時，你的創意可以大膽、有趣，甚至帶點顛覆性質，但必須顧及市場反應，做出適度的取捨。那要如何在原創性與市場性間取得平衡點，讓創意顯現出真正的價值呢？透過以下創業實例，或許能幫你從實務面檢視自身的創業計畫與商業創意。

　　創意的發想通常來自思緒活躍的腦袋、善於觀察探索的心靈之眼及豐富的生活經驗，所以創意可能僅源於一種主張、一種概念、一種態度，而

創業者將創意實質化的方式多半有兩種，一種是將既有元素重新組合成新事物，另一種則是利用既有基礎創建新事物，所以市場上才會出現如此多的創意設計商品、新型態的服務，乃至於某種商業模式的創新。例如楊弘毅、張芷芸成立的「獎金獵人」網站，就是匯集各類比賽活動資訊，成功在競賽類服務領域中建構起獲利模式。

無論是打工賺學費、兼差累積業外存款、為學經歷加分，還是闖蕩江湖提升自身知名度，參加比賽賺取獎金都是一個好管道，但比賽資訊往往得靠自己在茫茫網海中動手查找。假如不幸碰到主辦單位只在官方網站推廣宣傳，就很容易錯失比賽資訊，而這個不便性，正巧給了楊弘毅、張芷芸創業靈感：建立一個專門匯集各類比賽資訊的網站，且一站服務到底，讓有意參加比賽的人不用再到處搜尋、連結網頁，更不用手動評估比賽的條件與獎金多寡！

楊弘毅具有資訊工程背景、張芷芸擁有網站設計技術，所以架設網站的技術層面對他們來說並不難，重點在於如何行銷網站，成功吸引那些目標對象的關注。有鑑於網站特色就是收集大小比賽的資訊，所以分門別類區分出至少二十一種競賽項目，又依照獎金價值劃分出五種等級，如此一來，使用者只要根據自身需求進行查找，就能按圖索驥把相關比賽資訊盡收眼底。因此，網站資訊的呈現形式，便成為網站的訴求賣點；而楊弘毅、張芷芸也從中發想行銷創意，繼而賦予網站猶如賞金獵人集散地的形象，將網站命名為「獎金獵人」。

當使用者進入網站後，首頁的故事性描述馬上映入眼簾：「這是一個冰天雪地的小酒吧，牆上貼滿比賽資訊，獵人們群聚於此找尋獵物。」網站幻化成小酒吧，使用者成為來到此地找尋任務、賺取獎金的獵人，其他

諸如比賽資訊則理所當然地稱為「懸賞單」，上傳作品的區域稱為「後花園」，群組交流心得的討論區稱為「獵人學院」等等的設計，處處都傳遞出獎金獵人的網站特色與精神。

儘管獎金獵人網站自 2009 年上線後，憑藉著活潑生動的設計創意，龐大而規劃有序的資訊彙整機制，因而吸引了不少獵人進駐，甚至入選過國際知名投資風向雜誌《紅鯡魚》（Red Herring）所公布的年度全球創新百強名單，但嚴苛的市場考驗仍讓網站營收成為棘手問題。

所幸網站的集客效應日漸增強，不少比賽主辦單位開始上門委託比賽的規劃與宣傳，楊弘毅、張芷芸意識到這個比賽資訊流通的平台，既然能滿足賞金獵人的需求，那肯定也能為發起比賽的主辦單位提供服務，因而開發出為比賽主服務的客製模式，從線上報名系統的建立到規劃、執行、宣傳等流程一手包辦，不僅為賽事提供完整的服務，還能確保活動比賽人數達標。一場比賽辦下來，比起統包給整合行銷公司，透過他們，既能有效運用預算，又可以達到預期效益，讓獎金獵人網站終於解決困擾近三年的收益問題，正式宣告進入獲利時代。

獎金獵人網站的創業案例點出：創意除了能發揮於商品或服務的設計，也可以運用在商業模式上的改良或創建上。好比 Pinkoi 設計師商品購物平台，就是以專賣設計師商品為訴求，在這裡，設計師可以創建自己的設計館上架作品，消費者除了選購商品外，還能追蹤支持自己喜歡的設計師商品，而設計師與消費者雲集的互動社群，不僅讓各類創意商品被眾人看見，也讓 Pinkoi 擁有了活絡、熱度不退的利基市場。

此外，每位創業者都希望自己能兼顧創意的原創性與市場性，假如碰到創意廣受歡迎，但市場獲利卻不盡理想時，千萬不要急於放棄，試著思

考一下你的創意特點，延伸出相關優勢，就能從中挖掘出可「增價」的部分，進而找到出路，邁步迎向事業的獲利階段。

創業者在構思創業計畫時，無論要銷售的是有形商品還是無形服務，為了滿足消費者需求、凸顯品牌特色、提高收益，各種相關環節都要發揮創意巧思，即便開始營運，仍要為市場行銷與經營策略絞盡腦汁。由此可見，在創業過程中，創意擔負的任務並非只是為商品或服務設計「新梗」，還包括了尋找生存機會、提升競爭優勢、增加營收獲利等面向。

更進一步來說，運用於商業的創意必須以市場為發想基礎，而非出於創業者自我感覺良好式的臆想，你必須站在更務實、更全面的角度來發想創意，盡可能讓商品或服務在協助消費者解決問題外，也同時滿足他們的心理需求，消費者的購買決策往往非常複雜，他們在理性評估商品或服務的功能性之餘，也會帶入個人的情感評斷，尤其是在面對實質商品時，這種反應會更為直接。

舉例來說，你把一塊蛋糕放在素白紙盤上展銷，另一塊蛋糕放在金邊瓷盤上銷售，消費者的第一眼印象就會自動將兩者劃分高下，哪怕它們是完全一模一樣的蛋糕。正因為消費者對實質商品的第一眼印象非常直觀，市場上的商品創意設計也越來越五花八門，如果你苦於無從發想商品創意，或不確定自己的構想方向是否正確，不妨從以下三大簡單方向來彙整思緒。

① 善用文化底蘊，提升商品認同度

飽含文化底蘊的商品，容易勾起情感共鳴，提高消費者對商品的心理認同感，思考你的商品能否融入文化元素與人文精神，繼而賦予商品更豐

富的意象。例如林昇、劉諺樺所創立的品牌「花生騷 WasangShow」，便是藉由原住民文化來發想商品創意，有別於一般印象中常見的原住民商品，花生騷所設計的商品以原住民文化為基底，融入時尚潮流元素，讓富含意義的部落圖騰，不再侷限於傳統原住民的服飾上，反而出現於木作手機殼、T恤、毛巾、背包，透過設計，直接說明圖騰的意涵，傳揚了原住民文化。好比印有白鹿圖騰的T恤，講述的便是白鹿引領邵族祖先翻山越嶺定居於日月潭的故事。

　　諸如此類的文化、時尚融合，讓商品增加了細膩的人文精神，從中傳遞出原住民的文化歷史感，更深受國際觀光客的喜愛，品牌印象與價值在無形中提升不少。

2 增添生活品味，讓商品傳遞愉悅體驗

　　隨著時代與生活形態的演進，現今消費者對商品或服務，不再只要求實用性與功能性，已漸漸轉進到講求生活品味的趨勢，這代表著消費者購物時，也追求著一種情緒上的愉悅感，思考著商品能否增添具有品味或富有生活情趣的設計元素，藉以提高商品質感，吸引目標消費者的關注。

　　舉例來說，台灣自創品牌「一杯創意」便極力打造兼具傳統與現代元素的創意茶品，其中「茶包有喜系列」以雙喜字樣、古禮新人與西式新郎新娘圖卡，作為茶包的立體吊牌，並選用帶有吉祥慶賀意味的茶種作為茶品，傳遞出奉上囍茶的濃厚幸福感，成為廣受新人青睞的婚禮小物。

3 鎖定目標對象，開發更為貼心實用的商品功能

　　每條魚都有愛吃的魚餌，正如不同的消費族群有不同的商品需求，因

此，你要想自己的商品具備哪些特點與競爭優勢，而你又能否因應特定客層的需求，開發出更具實用性的商品功能，讓創業者明確又快速地切入利基市場。

例如，「Sunza」創立人戴杏珊從工作經驗中領悟到女性上班族總會希望有漂亮又可搭配服裝的商務包，因而鎖定粉領族開發系列包款，從筆電袋、公事包、手機包到登機箱，都以兼具機能性與流行時尚感為訴求，讓自創品牌名列粉領族購買商務包時的首選名單。「喜舖 C-PU」創立人周品妤，則針對媽媽族所開發的多格層、大容量、輕便防水、可揹可提的空氣材質媽媽包，這也是成功的商品創意開發案例。

值得一提的是，如果你想將某種技術、某種技能轉化為可販售的商品或服務，更必須發揮創意將其商品化。舉例，同樣具有視覺傳達設計背景的夫妻檔韋志豪與林欣潔，一度因為資遣與減薪坐困經濟愁城，所幸兩人都有繪畫才能，進而從彩繪牆面的經驗中獲得創業靈感，成立「幸福藤彩繪藝術設計坊」。他們以手工彩繪牆面，提供客製化服務作為市場訴求，無論是私人住家還是營業場所，只要客戶提出需求與想法，就能從專業設計角度提供建議與現場施作，繼而在完成「技術商品化」的同時，也創造出自身的市場競爭優勢。

總結來說，創業者闖蕩市場要仰賴許多要素的配合，商業創意猶如一把過關斬將的寶劍，尤其隨著環境因素與生活形態的改變，選擇自主創業的人數正逐日攀升，各類市場競爭也越發激烈，如何發揮巧思、創造生存優勢儼然成為重要的創業課題。但無論你現在正準備發想創業靈感，還是已構思出創意，都請各位創業主們先檢視以下商業創意的基本要點，有益

於你完善創業計畫。

① 創意可以自由奔放，但不要脫離現實市場

關於創意發想的思考方式有非常多種，不管你偏好選用哪種方式腦力激盪，最終都應讓創意奠基於現實市場。換言之，對著筆記本、電腦螢幕憑空發想創意是一回事，創意商品化的實際操作又是另一回事，哪怕你的創意再新奇、再有賣點，也必須經得起市場考驗。因此，事前透過市場調查、剖析市場發展趨勢至關重要，與此同時，檢視實現創意所需的技術、資金與其他所需條件，也能幫助你調整創意方向，提高可行性。

② 市場效益不如預期時，全盤檢視、做出調整

當你滿懷壯志，用盡創意推出商品或服務後，發現市場效益不夠亮眼，或隱然出現坐吃資金的趨勢時，與其盲目堅持、咬牙苦撐，不如客觀地全盤檢視營運情況，找出缺失點做出調整。好比創意投入市場後，出現了事前沒預期到的問題，那這些問題能被解決嗎？不能解決的話，能否在維持創意精髓的情況下，進行微幅調整或從他處補強？當然，有些時候問題並不在於創意本身，而是相關的營運方式，比如是不是因為獲利模式還沒有建構起來，導致創意「叫好不叫座」？還是因為行銷策略有誤，或通路無法觸及目標客層等環節沒有跟上節奏，才造成收益慘澹？由於市場具有高度變化性，消費者反應又即時迅速，唯有掌握創意的原創性與精髓，做出相應的營運調整，才能讓事業經營有道。

❸ 創意被人搶先一步，那就找出差異化的特點

創業者發想創意時，有時候會碰到市場已出現先行者的情況，但你不必急著在第一時間選擇放棄，正如相同的食材可以炒出不同口感和菜色，想想你的創意能否深化出不同特點？你與市場先行者的目標客層是否重疊？你能不能從對方的經營狀況中找到「同中存異」的發展機會？總之，讓創意深化、展延、擴散，從中找出自己的競爭優勢，利基市場或許就會出現。

多變的消費市場促使創業者必須以更具創意的方式提供商品與服務，但難免會遇到創意原創性與市場經濟收益有所落差的階段，然而一時的市場挫折並不代表最終結果，最重要的是讓自己保有「創意戰鬥力」，這不僅有助於創業者、經營者因應市場變動，也有助於事業的長久營運。

換言之，在事業經營的過程中，各類商業創意發想都要經過市場浪潮的一番淘洗，陷入瓶頸期時，唯有保持耐心、客觀評估、適度調整，甚至精煉原始創意，為持續完善行銷流程、回應市場需求做出努力，才能在穩健中積極進取，逐步累積自創品牌的市場實力。

創業者都希望自己的事業能永續經營，但正如每樣商品都有其市場週期，事業經營也可粗分為導入、成長、成熟、衰退此四大階段，有時外界因素會導致事業衰退階段的提早發生，例如國際局勢、市場環境、產業政策與生活形態的變動，乃至於不可抗力的自然災害因素，都有可能讓經營者面臨收攤熄燈的營運危機。這意味著創業者在經營事業的過程中，不管事業體的規模大小與營運時間長短，都要設法持續提升競爭力、延續生存優勢，才能避免事業發展陷入停滯或衰退，特別是在市場更迭快速的今

日，若僅憑一招半式走遍江湖，很容易被市場淘汰。

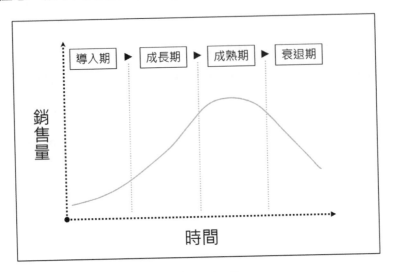

市場週期圖

更進一步來說，「與時俱進」、「後出轉精」永遠是市場生存法門，無論你現在的事業處於何種階段，一旦出現事業發展受阻的狀況時，就應思考如何「升級」或「轉型」，這就好比為了運算更複雜的數據資料，你必須升級電腦系統，甚至更新軟硬體配備才行。因此，當市場情勢改變、競爭對手增多、生存空間壓縮，與其坐困愁城，不如主動在既有的事業基礎上，替自己創造競爭籌碼，好比研發新品、改善服務、重新配置資源、擴大利基、深化品牌影響力……等。

總結來說，創業者在經營事業的過程中，保持迅速回應市場需求的能力至關重要，千萬別以為有了好成績就能長久坐穩市場江山，而當事業發展出現停滯、衰退的警訊時，與其坐吃老本或者病急亂投醫，不如保持冷靜、檢視局勢，試著從下面三大方向構思因應策略：

1 整合資源，挖掘競爭優勢

一般創業者可以把自身的事業資源劃分為三類：有形資產、無形資產和組織能力。有形資產是指可羅列在資產負債表中的具體資源，例如生產設備、生產原料、廠房等，無形資產則包括品牌影響力、組織文化、商品專利、核心知識技術等等，至於組織能力則是指資產與人員統合後，在市場上所產生的總體效率與效能，往往組織能力越高，市場回應的能力也越強。當業績下滑、客層流失時，檢視並整合你擁有的事業資源，不僅能從中找出欠缺之處加以補強，利用可用資源，突破當前事業瓶頸，最重要的是，還能將資源集中運用於未來的發展目標，重建市場競爭優勢。

2 改良商品或強化服務，回應市場需求

不少創業者常因為事業初期的營運模式大有斬獲便因循守舊，時間久了反而導致商品或服務不能因應市場發展情勢，又無法滿足消費者需求，最直接的影響便是事業發展空間萎縮；因此，當事業營運出現衰退警訊時，思考如何改良或研發商品、改善服務流程也就成了關鍵點。

就商品策略而言，由於市場商品同質化的競爭日趨激烈，所以從商品的設計、製造、包裝以及附加功能上，除了要尋找與同質商品的差異點外，有時透過挹注人文精神、文化創意藉以提升價值感，也能成功建立起獨特的商品優勢，值得注意的是，改良或研發商品的過程往往需要投注額外成本，因此對於成本與末端售價的估算要保有機動性；此外，藉由強化服務的品質與效率，提供更貼心便捷、更符合消費客層需求的服務流程，也是創造市場競爭優勢的一大途徑。

總之，創業者應時時關注市場情勢的發展和消費者需求的變化，以便

因需而動、適時改變,確保事業營運得以穩健成長。

③ 維繫並提升品牌的市場影響力

　　創業者在事業營運初期,總會對建立自創品牌的知名度不遺餘力,但在追求事業持續發展的同時,如果忽視了對品牌價值的維護與提升,將會導致品牌失去活躍性與市場影響力,甚至漸漸流失客層。因此,有鑑於現在的消費者日益趨向「品牌消費」,當品牌影響力提升後,業績經常會同步大幅成長;事業發展陷入衰退或停滯時,也可以試著透過廣告行銷策略,再造品牌的影響力,成功為事業解套。儘管現今的廣告宣傳手法五花八門,然而在擬定廣宣策略時,仍應衡量能否以最少的投資獲取最明顯的效果,並且重視品牌建構的整體性與長遠性,呼應市場需求打動消費者,千萬不要有具備高昂的廣宣預算,才會有好效果的迷思;一來重金打造的廣宣策略,可能要花很多時間才能回收成本,二來如果消費者不認同你的商品或服務,只會讓你的事業發展面臨雪上加霜的窘境。

　　對創業者而言,事業營運的每個階段各有其艱辛與甘甜,面臨業績下滑、發展停滯的時刻,不要輕言放棄,要懂得在既有基礎上,客觀根據環境變化與市場需求構思的因應之道,藉此翻轉出一番新局面。無論最後採取哪些變革創新策略,都應謹記:創業者雖然是以商品或服務開創市場,但最終是以「品牌」奠基市場,唯有對商品、服務、銷售、品牌形象等面向投入持久性的規劃和投資,才有可能構成品牌的市場強度與影響力,讓事業穩定成長、持續發展。

兩名二十四歲青年，如何逆襲市場巨人？

當一個市場有七成的市占率都被前兩大龍頭占據，競爭陷入價格戰時，肯定所有策略專家都會勸你打消創業念頭。

「一個突破傳統思維的成功案例，成功激勵所有後進品牌──別怕大巨人。」

2001 年，兩名二十四歲的美國年輕人：亞當·勞瑞（Adam Lowry）與艾瑞克·萊恩（Eric Ryan），兩人決定成立清潔劑品牌「Method 美則」，雖然他倆是門外漢，卻勇敢挑戰全球兩大清潔劑巨人：寶僑（P&G）、聯合利華（Unilever）稱霸已久的市場。

當時，有機意識在美國興起，但市場上的有機環保清潔品，其清潔力又差強人意，如果能做出清潔力不輸主流產品，又能自然分解的清潔劑，一定能打出一片市場。於是，兩人自掏腰包，湊了 9 萬美元一同創業。

在美國，賣場每平方英寸的貨架上架費是 100 萬美元，清潔劑市場上的巨人，它們不僅有大量生產的規模，和通路也有著長期的合作關係，相形之下，美則既沒錢又沒足夠的產品上架，只能先尋求單點突破。

亞當和艾瑞克第一個設定的目標是當時全美第三大零售通路商 Target（塔吉特）。

Target 一向標榜販售「好看、但價格合理」的設計好物，而且是少數

不收上架費的大型通路商。為了打動塔吉特，第一款產品廚房清潔劑，兩人聘請有「塑膠詩人」之稱、也是當紅的紐約工業設計大師卡林‧拉席德（Karim Rashid），設計出如保齡球瓶子的清潔劑包裝。Target 答應讓他們試賣一個月，上架後雖沒有馬上大紅大紫，但他們發現美則的商品能吸引到以往從沒有過的新客戶，所以決定讓美則全國舖貨。

在美國，美則是第一個販售清潔劑補充包的品牌，也是第一個在美國推出三倍濃縮洗衣精的公司，將家裡龐大的桶裝洗衣粉，換成體積只剩下 1/2 的洗衣精瓶裝，讓後進品牌花了整整十六個月才趕上他們腳步。

最後，連美國最大通路商沃爾瑪（Walmart）也被影響、跟進，於 2008 年宣布，為順應環保，只賣濃縮洗衣精，連市場龍頭 P&G 的汰漬也得配合。

美則的故事證明就算是小公司，只要找對趨勢和利基客群，就有機會在巨人林立的產業中打造自有品牌；但成功最忌諱快速擴張，應回頭檢視初衷，畢竟企業經營並非百米競賽，而是比誰氣長的馬拉松！任何一間公司，都要以永續經營為企業宗旨。

** 參考來源／商業周刊 1361 期

創業適性評量：你適合創業嗎？

　　請花十分鐘做完下列測驗，檢視自己是否具有創業的先決條件，依照你的個性、人脈、專業、資金等四大方面來評量你是不是當老闆的料。每部分有十題，每題有 A、B、C、D 四個答案，答完後，請對照分數進行評量，分析自己是否具備創業者條件？或適合往哪方面創業？

性格方面：計 　　　　分（滿分 40 分）

❶. 你願意一星期工作六十小時，甚至更多嗎？
A. 只要有必要，當然甘之如飴。
B. 在創業初期，或許有可能。
C. 不一定，我認為還有許多事情比工作重要。
D. 絕對不會，我只要工作就會覺得腰酸背痛，十分疲憊。

❷. 你對自己的未來規劃如何？
A. 已經可以看到十年後的目標。
B. 只規劃好五年以內的道路。
C. 只做了一年的規劃。
D. 從來不做生涯規劃，走到哪裡就算哪裡。

❸. 在沒有固定收入的情況下，你和家人可以維持生計嗎？
A. 可以，生活費的開銷綽綽有餘。
B. 希望不會有這樣的情況，但我了解這可能是必要的過程。
C. 我不確定是否可以。
D. 我無法接受這樣的狀況發生，且完全沒有能力處理。

❹. 對於下決心要做的事，是否能堅持到底？

　　A. 我一旦下定決心，通常不會受到任何事的干擾。

　　B. 假如是做我自己喜歡的事，大部分都會堅持到底。

　　C. 一開始可以，但只要碰到困難，就想要找藉口下台。

　　D. 經常自怨自艾，覺得自己什麼事都做不好，無法堅持下去。

❺. 你是一個自動自發的人嗎？

　　A. 是的，我喜歡想些新奇的點子，並加以實現。

　　B. 假如有人幫我開頭，我絕對會貫徹到底。

　　C. 我比較習慣跟著別人的腳步走。

　　D. 坦白說，我很被動，甚至不喜歡動腦跟執行。

❻. 對於必須常常一個人孤單地工作，你的看法是？

　　A. 很好，工作時可不被干擾，效率能大幅提升。

　　B. 偶爾會寂寞，但其實也挺自由的。

　　C. 挺無聊的，會想辦法找其他事情來排遣。

　　D. 會活不下去，只要一天沒跟別人互動會發瘋。

❼. 你是非常有想法的人，還是寧可安於現狀？

　　A. 我喜歡自己作主，照自己的方式做事。

　　B. 我有時會提出具有建設性的看法。

　　C. 給有能力的人負責，自己默默在旁邊就好。

　　D. 對有想法的人其實有點反感，甚至是排斥。

❽. 你是否能妥善處理心中的壓力？

　　A. 可以在幾分鐘內回到原來的狀態，不太會影響到工作執行。

　　B. 通常過個半天，心中的疙瘩就會放下。

　　C. 一定要找別人傾訴才能紓解心中的壓力。

　　D. 即便是找人傾吐或發洩之後，仍然很難釋懷。

⑨. 如果客戶當場給你難堪，你會怎麼做？

A. 笑臉迎人，覺得客戶永遠是對的。

B. 在客戶面前會維持笑臉，但只要離開客戶的視線便罵個不停。

C. 臉會當場垮下來，但不會當場爆發、回嘴。

D. 直接和客戶起爭執，非得爭個長短。

⑩. 喜不喜歡你所選擇的創業行業？

A. 喜歡，覺得自己選擇的事業是這輩子最想做的事情。

B. 應該吧，但換別行做做應該無所謂。

C. 還好，只是因為當初唸得就是相關科系，所以也沒特別的想法。

D. 不喜歡，但為了生活，不得不妥協。

○ 專業方面：計 　　　分（滿分 40 分）

❶. 你是否能夠勝任多重工作內容及職務？像會計、行銷、業務等。

A. 我對自己很有信心，一定可以。

B. 我願意試一試。

C. 我不確定。

D. 我沒有什麼專長，應該沒辦法。

❷. 曾經被挖角的次數有多少？

A. 五次以上。　　　　　　B. 三至四次以上。

C. 一至二次。　　　　　　D. 從來沒有。

❸. 擁有多少張專業證書或執照（專長或才藝均可）？

A. 三張以上。　　　　　　B. 二張。

C. 一張。　　　　　　　　D. 完全沒有。

❹. 你曾憑著專長參賽得獎或獲得表揚的次數有多少？
    A. 三次以上。   B. 二次。
    C. 一次。   D. 完全沒有。

❺. 你是否從事過你想創業的行業？
    A. 是的，且非常熟悉。   B. 有過幾年經驗。
    C. 不確定算不算，但以前學生時代有學過。
    D. 完全沒有。

❻. 你看得懂財務報表嗎？
    A. 完全沒問題。   B. 簡單的還可以。
    C. 惡補一下應該還行。   D. 完全沒概念。

❼. 你懂很多生意技巧嗎？
    A. 是的，我非常擅長做生意。
    B. 還滿懂的，不足的部分我也願意學習。
    C. 大概多少知道一些。   D. 不，我不太懂。

❽. 你每月平均花多少時間看財經相關的雜誌或書籍？
    A. 十四小時以上。   B. 六至十三小時左右。
    C. 偶爾才翻。   D. 完全沒有。

❾. 你是否參加過有關財務或做生意相關的教育訓練？
    A. 五次以上。   B. 三至四次。
    C. 一至二次。   D. 沒參加過。

❿. 你覺得自己有競爭力嗎？
    A. 天資聰慧過猶不及。   B. 當然，還不錯。

C. 不一定，要看哪方面。　　　D. 很差。

🔍 資金方面：計 ＿＿＿ 分（滿分 40 分）

❶. 如果從現在開始創業，手頭有資金嗎？

A. 資金不是問題。　　　　　　B. 應該可撐上一到二年。

C. 只準備了一些預備金。　　　D. 可能連一個月都撐不過去。

❷. 若你是藉由跟銀行貸款創業，是否想過還款來源？

A. 沒想過，因為我不會用貸款創業。

B. 有，對還款計畫也很有概念。

C. 曾經想過，但不夠具體。

D. 沒有想過這個問題，先創業再說。

❸. 你是否有多重投資管道？

A. 是的，我本身很會理財。　　B. 我只有部分投資管道。

C. 我正在學習如何投資。　　　D. 完全沒有概念。

❹. 你的債信記錄如何？

A. 我認為我的信用良好，絕對經得起考驗。

B. 我沒有跟銀行借過錢，所以沒有這方面的記錄。

C. 有過幾次遲交貸款的記錄。

D. 曾經跳過票或被銀行列為拒絕往來戶。

❺. 如果你現在有一個很好的創業計畫，你有管道籌資嗎？

A. 很多，因為我平常就會找相關資料。

B. 還好，但我相信自己可以找到。

C. 有一些資訊，但不確定是否可行。

D. 完全沒有。

❻. 若為合夥生意，你目前股東的經濟狀況如何？
A. 全數的股東都是拿多餘的錢來投資，完全不在乎虧損。
B. 有半數以上的股東，可以接受一年以上的虧損狀況。
C. 有半數以上的股東，可以接受幾個月的虧損。
D. 多數股東都靠這份投資維生。

❼. 你的周轉金可以因應多久的虧損？
A. 至少一年以上。　　　　　B. 半年以上。
C. 三個月以上。　　　　　　D. 頂多維持二個月的虧損。

❽. 除了銀行存款外，你還有用幾種投資工具？
A. 四種以上。　　　　　　　B. 二至三種。
C. 一種。　　　　　　　　　D. 沒有。

❾. 如果你現在缺現金，除了銀行外，你第一時間能找到誰借錢給你？
A. 父母。　　　　　　　　　B. 親戚。
C. 朋友。　　　　　　　　　D. 沒有人。

❿. 如果有急難發生，你可以調到多少錢（指向親友或銀行借貸，不包含地下錢莊）？
A. 上千萬元。　　　　　　　B. 數百萬元。
C. 幾十萬元。　　　　　　　D. 不到十萬元。

🔍 人脈方面：計　　　　　分（滿分 40 分）

❶. 自學校畢業後，你曾參加過幾個社團組織或讀書會活動？

A. 五個以上。　　　　　　　B. 三至四個。
C. 一至二個。　　　　　　　D. 從來沒有參加過。

❷. 你在幾間公司任職過？
A. 五家以上。　　　　　　　B. 三家以上。
C. 一至二家。　　　　　　　D. 無。

❸. 你平均多久可以發完一盒名片？
A. 一個月。　　　　　　　　B. 一至三個月。
C. 三至六個月。　　　　　　D. 半年以上。

❹. 假設你現在是業務員，你覺得自己目前擁有多少潛在客戶？（可翻閱你手中所有交換來的名片，來參考作答，包含所有親朋好友。）
A. 五十人以上。　　　　　　B. 三十至四十九人。
C. 差不多十至二十個左右。　D. 不到十人。

❺. 目前手上擁有多少張名片？
A. 超過兩百張。　　　　　　B. 超過一百張。
C. 超過五十張（包含）。　　D. 不及五十張。

❻. 你擁有的名片中有多少是客戶、潛在客戶或協力廠商的名片？
A. 三十張以上。　　　　　　B. 五十張以上。
C. 十張以上。　　　　　　　D. 不及十張。

❼. 你每週花費多少時間在社交活動上？
A. 每週至少五至六小時。　　B. 一週四小時。
C. 一週二至三小時。　　　　D. 從不參加。

❽. 假如你今天接到一件很趕的案子，你覺得手邊有多少人可以動員？

    A. 五人以上。   B. 三至四人。

    C. 一至二人。   D. 只有自己能處理。

❾. 你是否願意和客戶應酬？

    A. 當然，可以每天都安排應酬維持交情，大力推銷本公司產品。

    B. 看情況，如果有必要的話，可以試試看。

    C. 我比較不喜歡應酬，頻率最好不要太高。

    D. 我不喜歡應酬，通常都獨來獨往。

❿. 與潛在合夥人（含老闆、親友、同事、協力廠商）相處的狀況如何？

    A. 只要有合作機會，他們一定會第一個想到我。

    B. 只有和其中幾個人較熟，但多數合作機會都是自己主動促成。

    C. 彼此的合作經驗還算愉快，但還是比較喜歡獨自行事。

    D. 之前的合作經驗都不太好，未來也不會再合作。

🔍 計分方式

    A：4分／B：3分／C：2分／D：1分；測驗總分為 160 分，請將各部分分數加總。

    合計：性格＋專業＋資金＋人脈＝   分。

🔍 測驗結果說明

• 總分 131~160 分（創業評比：★★★★★）

    哇，您兼具了創業的特質與技巧。一定是位好老闆，若不創業真的浪費人才了。

• 111~130 分（創業評比：★★★★☆）

　　您並非天生的創業人才，大致具有獨當一面的雛形，或許創業初期有一段波折，但經過時間的鍛鍊，一定可以成為成功的老闆。

• 90~110 分（創業評比：★★★☆☆）

　　其實您很有潛能創業，但說真的，離自立門戶還有一段距離要努力，建議先再上班一段時間累積經驗再創業喔。

• 90 分以下（創業評比：★★☆☆☆）

　　您最好想一些自行創業以外的事情去做，請多多學習別人的創業經驗，或參加相關教育訓練，再重新思考創業。

⚙️ 創投必問，你不可不知！

- 你從創投這裡拿到錢，會如何使用？要將錢投入工廠製作，還是投入銷售與市場行銷？

- 這是你要求實際獲得的金額，我們該如何評定且評估投入的金額？

- 你目前已籌到多少？有誰投資？家人或朋友有投入資金嗎？你過去有宇創投合作的經驗嗎？

- 到目前為止，資本結構如何？ Business Model 為何？

- 你的公司有什麼與眾不同之處？為什麼只有你的團隊有能力執行這項專案？

- 你的銷售率、成長率這些數字是如何估算出來的？

- 你的競爭對手有誰？他們有哪些地方贏過你？

- 從之前的產品跟服務，你學到什麼經驗？

- 這次募資可以幫助公司達到什麼重要目標或里程？

- 你創立公司至今，遇過那些挫折或障礙？

- 你打算如何行銷自家產品或服務？

- 你的產品有沒有任何責任風險？

- 你未來的退場機制是什麼？時間點為何？

- 公司何時開始獲利？在開始獲利前，會消耗多少資金？

- 創業計畫書上的財務預測，是根據哪些假設而計算出來的？

- 你的這項專案已經取得哪些關鍵性的專利（智慧財產權、著作權……）？

參考資料

- 庄腳囝仔的百億傳奇

  https://www.businesstoday.com.tw/article/category/154685/post/201206280010/%E5%BA%84%E8%85%B3%E5%9B%9D%E4%BB%94%E7%9A%84%E7%99%BE%E5%84%84%E5%82%B3%E5%A5%87

- 讓 LINE 一夕爆紅的幕後功臣

  https://www.businesstoday.com.tw/article-content-80398-5391-%E8%AE%93LINE%E4%B8%80%E5%A4%95%E6%9A%B4%E7%B4%85%E7%9A%84%E5%B9%95%E5%BE%8C%E5%8A%9F%E8%87%A3

- 一週工作 4 小時的少年頭家：人生最大風險不是失敗，而是過著舒適卻平庸的生活

  http://www.cheers.com.tw/article/article.action?id=5022817

- 一個小台商 幫美國七成鐵道維安

  http://www.cna.com.tw/magazine/7/201312130001-1.aspx

- 兩個 24 歲青年 如何逆襲 P&G ？

  http://www.cna.com.tw/magazine/7/201312130002-1.aspx

- 36 歲鞋王傳奇 他的瘋狂故事 被哈佛三度列為教案

  http://pfge-pfge.blogspot.tw/2010/08/36zappos.html#axzz5GVXrRPOM

- cama 咖啡創辦人告訴你，對品牌行銷熱門熟路的廣告人，如何打造自己的創業品牌！

  http://www.motive.com.tw/?p=12025

- 《斜槓青年 SLASH》讀後思考：會越多技能，真的越有幫助嗎？

  https://rich01.com/slash-book/

- 「斜槓青年」與「兼差打工仔」的根本差異：你可以不只有一種人生

  https://crossing.cw.com.tw/blogTopic.action?id=568&nid=9862

• 人的一生只有 7 次機會，你抓住了幾次？
  https://read01.com/zh-tw/yP4QoP.html#.WxD_7zSFMdU

• 成為斜槓青年的七個步驟：為什麼要在網上做個人品牌？
  https://www.thenewslens.com/article/93241

• 什麼是微型創業？你需要知道的八件事
  http://www.cheers.com.tw/blog/blogTopic.action?id=662&nid=9126

• 創業陣亡率超過 90% 不懂失敗怎麼會成功？
  https://udn.com/news/story/6846/3085700

• 該換腦袋了！未來 CEO 必備的 5 大創業思維
  https://www.cw.com.tw/article/article.action?id=5086162

• 我該兼職創業，還是全心投入？
  https://womany.net/read/article/15948

人生最高境界

幸福人生終極之秘 王晴天

幸福人生終極之秘
決定您一生的幸福、快樂、富足與成功！

超譯易經
知命‧造命，不認命，掌握好命靠易經！ ⑤ 得自在心

玩轉眾籌實作班
大師親自輔導，保證上架成功並建構創業 BM！ ④

眾籌
無所不籌‧夢想落地

成交的秘密
SECRET OF THE DEAL

行銷絕對完勝營
市場ing＋接建初追轉，賣什麼都暢銷！ ③

世界級講師培訓班
理論知識＋實戰教學，保證上台！ ②

公眾演說的秘密
Secret Public Speaking

寫書＆出版實務班
企畫‧寫作‧出版‧行銷，一次搞定！ ①

PWPM

全球最佳‧史上最強‧各界一致推崇
國際級成人培訓課程！

Business & You

BU 生之樹，為你創造由內而外的富足，
跟著 BU 學習、進化自己，升級你的大腦與心智，
改變自己、超越自己，讓你的生命更豐盛、美好！

新‧絲‧路‧網‧路‧書‧店
silkbook◦com　www.silkbook.com　魔法講盟

師從晴天大師，
勝過千萬努力！

跟從導師，擴大您的事業半徑，

讓您先人一步，搶佔先機，

擁有邁向成功的最強推進力。

您的抉擇，將決定您的未來，

大師領航，助你創造人生新高峰！

2019 亞洲八大名師會台北

保證創業成功 · 智造未來！

王晴天博士主持的亞洲八大名師大會，廣邀夢幻及魔法級導師傾囊相授，助您擺脫代工的微利宿命，在「難銷時代」創造新的商業模式。高 CP 值的創業創富機密、世界級的講師陣容指導創業必勝術，讓你站在巨人肩上借力致富。

趨勢指引 ✕ 創業巧門 ✕ 商業獲利模式

誠摯邀想創業、廣結人脈、接觸潛在客戶、發展事業的您，親臨此盛會，
一起交流、分享，創造絕對的財務自由！

2019 年 6/22、6/23
每日上午 9:00 至下午 6:00

地點：台北矽谷國際會議中心（新北市新店區北新路三段 223 號）

憑票免費入場 ➜ 活動詳情，請上新絲路官網 www.silkbook.com

2019 ⒶThe Asia's Eight Super Mentors
亞洲八大名師 高峰會

入場票券

連結全球新商機，趨勢創富，
創業智富！

☐ 6/22　（憑本券 6/22、6/23 兩日課程皆可免費入場）
☐ 6/23　推廣特價：19800 元 原價：49800 元

🕐 **時間** 2019 年 6/22，6/23 每日 9:00 ～ 18:00
📍 **地點** 台北矽谷國際會議中心
（新北市新店區北新路三段 223 號 Ⓜ 大坪林站）

注意事項
1. 憑本券可直接免費入座 6/22、6/23 兩日核心課程一般席，或加價千元入座 VIP 席，並獲贈貴賓級萬元贈品！
2. 若2019年因故未使用本票券，依然可以持本券於2020、2021年的八大盛會任選一年使用。

全球華語講師聯盟　采舍國際 www.silkbook.com　集國際舍團

2019/1/12
亞洲暨世華
八大講師評選

魔法講盟·兩岸
百強講師PK大賽

去中心化的跨界創新潮流，已向全世界洶湧襲來，
還不抓緊機會站上浪頭？

百強講師評選 PK，我們力邀您一同登上國際舞台，
培訓遴選出魔法講盟百強講師至各地授課，
充分展現專業力，擴大影響力，立即將知識變現！

報名本 PK 大賽，即享有公眾演說 & 世界級講師完整培訓
原價 $19,800　　特價 $9,000
終身複訓·保證上台·超級演說家就是您！

以上活動詳請及報名，請上 新·絲·路·網·路·書·店 silkbook○com www.silkbook.com 或 魔法講盟

2019 A The Asia's Eight Super Mentors
亞洲八大名師 高峰會

入場票券

連結全球新商機，趨勢創富，
創業智富！

☐ 6/22　（憑本券 6/22、6/23 兩日課程皆可免費
☐ 6/23　推廣特價：19800 元　原價：498

時間　2019 年 6/22，6/23 每日 9:00 ～ 1
地點　台北矽谷國際會議中心
　　　（新北市新店區北新路三段 223 號 大坪

注意事項

1. 憑本票券可直接免費入座 6/22、6/23 兩日核心課程一般
席，或加價千元入座 VIP 席，並獲贈貴賓級萬元贈品！
2. 若2019年因故未使用本票券，依然可以持本券於2020、
2021年的八大盛會任選一年使用。

新·熱·路·書
silkbook
更多詳細
(02)8245-8
官網新絲路
www.silkb
查詢！

全球華語　集國采
講師聯盟　團際舍

學會公眾演說，讓你的影響力、收入翻倍，

力你鍛鍊出隨時隨地都能自在表達的「演說力」，

不僅把自己推銷出去，

更把客戶的人、心、魂、錢都收進來！

公眾演說四日完整班

舞台保證

018 ▶ **9/8**（六）、**9/15**（六）
9/16（日）、**9/29**（六）

019 ▶ **8/10**（六）、**8/11**（六）
8/17（六）、**8/18**（六）

面對瞬息萬變的未來，

你的競爭力在哪裡？

從現在開始，

為人生創造更多的斜槓，

擁有不一樣的精采！

什麼人人都想出書？

因為出書是你成為專家的最快途徑

大主題 ▶

劃‧寫作‧出版‧行銷 一次搞定

舉成名，成為暢銷作家，想低調都不行！

出書出版四日作者班

保證出書

18 ▶ **8/11**（六）、**8/12**（六）
10/20（日）、**11/24**（六）

19 ▶ **7/13**（六）、**7/14**（六）
8/24（六）、**10/19**（六）

史上最強 行銷絕對完勝營

你是否想讓業績獲得三至五倍的增長，成為更高層次的生意人？
BU 提供你最有系統地賺取財富方法！

由**王晴天博士「市場 ing 的秘密」+ 吳宥忠老師「接建初追轉絕對完銷」**聯名課程，
王晴天・吳宥忠師徒聯手打通你的任督二脈！名師親自指導、保你進步神速！

ing ❶ 成交的秘密

王晴天博士畢生絕學，在此傾囊相授，只要搞懂成交的關鍵，賣什麼都 OK！

ing ❷ MTM 關鍵行銷

唯有掌握趨勢，才能做出最有效的行銷策略，就是要您學會世界行銷大師的眼光及判斷力！

ing ❸ 642WWDB

你知道要怎麼快速建立起萬人團隊嗎？擁有神團隊，未來的困難都無所畏懼！

ing ❹ 接建初追轉 絕對完銷

業務不可不知的超級完銷系統，包你爆單、接單接到手軟！

市場 ing

加入王道增智會成為晴天弟子者，全部課程均免費！

學費：**$129,800** 元　　八大會員價：**$99,800** 元

王道會員價：**$59,800** 元　　**$120,000PV** 弟子：免費

日期：**2018** 年 **10/21・10/27・10/28・11/03・11/04**

報名及查詢 2019、2020 年開課日期請上 新絲路網路書店 silkbook○com www.silkbook.com

國家圖書館出版品預行編目資料

斜槓創業 / 王晴天著 著.. -- 初版. -- 新北市：創見文
化出版, 采舍國際有限公司發行, 2018.9 面；公分--
（MAGIC POWER ; 04）
ISBN 978-986-271-831-5（平裝）

1.創業　2.職場成功法

494.1　　　　　　　　　　　　　　　107010855

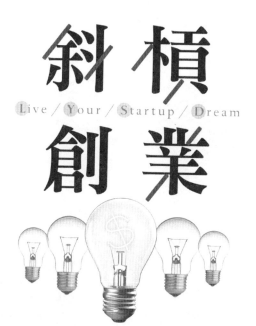

斜槓創業

本書採減碳印製流程並使用
優質中性紙（Acid & Alkali
Free）通過綠色印刷認證，
最符環保要求。

作者／王晴天

出版者／魔法講盟 委託創見文化出版發行

總顧問／王寶玲　　　　　　　主編／蔡靜怡

總編輯／歐綾纖　　　　　　　文字編編／牛菁

　　　　　　　　　　　　　　美術設計／蔡瑪麗

郵撥帳號／50017206 采舍國際有限公司（郵撥購買，請另付一成郵資）

台灣出版中心／新北市中和區中山路2段366巷10號10樓

電話／（02）2248-7896

傳真／（02）2248-7758

ISBN／978-986-271-831-5

出版日期／2018年9月初版

全球華文市場總代理／采舍國際有限公司

地址／新北市中和區中山路2段366巷10號3樓

電話／（02）8245-8786

傳真／（02）8245-8718

全系列書系特約展示門市

新絲路網路書店

地址／新北市中和區中山路2段366巷10號10樓

電話／（02）8245-9896

網址／www.silkbook.com

本書於兩岸之行銷（營銷）活動悉由采舍國際公司圖書行銷部規畫執行。

線上總代理 ■ 全球華文聯合出版平台 www.book4u.com.tw
主題討論區 ■ http://www.silkbook.com/bookclub　　　　● 新絲路讀書會
紙本書平台 ■ http://www.silkbook.com　　　　　　　　● 新絲路網路書店
電子書平台 ■ http://www.book4u.com.tw　　　　　　　● 華文電子書中心

B 華文自資出版平台　　全球最大的華文自費出版集團
www.book4u.com.tw　　專業客製化自助出版·發行通路全國最強！
elsa@mail.book4u.com.tw
emma2306@mail.book4u.com.tw

創見文化，智慧的銳眼
www.book4u.com.tw　　www.silkbook.com